[Sonderabdruck aus Biochemische Zeitschrift 1918.]

Über die Wirkung der Chlorate auf das Blut des Menschen und einiger Tierarten.

Inaugural-Dissertation

der hohen medizinischen Fakultät

der Universität Rostock

zur Erlangung der Doktorwürde

eingereicht von

Egbert Caesar,
Oberarzt der Reserve, aus Königshütte.

Springer-Verlag Berlin Heidelberg GmbH
1918.

ISBN 978-3-662-42045-4   ISBN 978-3-662-42312-7 (eBook)
DOI 10.1007/978-3-662-42312-7

**Gedruckt mit Genehmigung der Medizinischen Fakultät
zu Rostock.**

Referent: Herr Geh. Med.-Rat Prof. Dr. Kobert.

1. Über die Literatur, die Blutwirkung des chlorsauren Kaliums betreffend.

2. Eigene Versuche über die Stärke der Wirkung des chlorsauren Kaliums auf das Blut. a) Versuche mit Menschenblut. b) Versuche mit Katzenblut. c) Versuche mit Hundeblut. d) Versuche mit Rinderblut. e) Versuche mit Schweineblut. f) Versuche mit Meerschweinchenblut. g) Versuche mit Hammelblutkörperchen.

3. Die bisherige Literatur über das Mallebrein.

4. Über die agglutinierende Wirkung der Aluminiumsalze überhaupt und über die des Mallebrein im besonderen.

5. Über die Wirkung des chlorsauren Aluminiums in Form des Mallebreins auf das Blut. a) Versuche mit Schweineblut. b) Versuche mit Hundeblut. c) Versuche mit Menschenblut. d) Versuche mit Rinderblut. e) Versuche mit Rinderblutkörperchen. f) Versuche mit Hammelblutkörperchen.

6. Vergleich der Wirkung des chlorsauren Kaliums und des Mallebreins in bezug auf die sogen. normalen Milchbakterien.

7. Über die Wirkung des neutralisierten Mallebreins auf Blut.

Das von Mallebrein angegebene und von Krewel & Co. in Köln hergestellte „Mallebrein" soll eine 25%ige Lösung von chemisch reinem chlorsaurem Aluminium $Al(ClO_3)_3$ sein. Es wird sowohl zur äußerlichen Anwendung wie zur innerlichen Darreichung von den Herstellern dringend empfohlen und seine völlige Unschädlichkeit bei größter Wirkungsfähigkeit gerühmt. Die vielfach beobachteten und zum Teil veröffentlichten günstigen Erfolge mit Mallebrein bei Tieren und Menschen seien gern zugegeben; aber die Pharmakologie ist bei allen Mitteln verpflichtet, zu erforschen, was bei Überschreitung der erlaubten Dosen und bei ungeschickter Anwendungsweise etwa eintreten dürfte. Sie hat weiter darauf zu achten, daß die neuen

Arzneien auch tatsächlich dem entsprechen, was die Aufschrift besagt.

Mallebrein[1]) führt die hauptsächlich betonte desinfizierende Wirkung seines Mittels auf seinen Gehalt an „Chlorsauerstoff" zurück. Es ist also nach ihm weniger das Aluminiumion als das ClO_3 das Wirksame; eine Erfahrung, die auch bei anderen chlorsauren Salzen gemacht worden ist, z. B. bei chlorsaurem Kalium, Natrium, Magnesium, denen das chlorsaure Aluminium ja nicht nur chemisch, sondern auch in seiner Wirkung auf den Organismus analog wirkt[2]). Auch vom chlorsauren Kalium[3]) kennen wir nicht zu unterschätzende nützliche Wirkungen in der Heilkunde. Aber wie bei diesem, dürfte auch beim chlorsauren Aluminium größte Vorsicht bei der Darreichung geboten sein, wofern nicht Chloratvergiftung eintreten soll. Darum mußte ich die Gefahrlosigkeit dieses neuen Mittels in Zweifel ziehen, noch ehe ich einen einzigen Versuch damit gemacht hatte. Zwar sind Fälle von Mallebreinvergiftung bisher nicht bekannt geworden; aber wie lange hat andererseits das chlorsaure Kali als unschädliches Mittel gegolten, bis seine relative Giftigkeit erkannt und anerkannt wurde! Vom Arzt verordnet und im Gebrauch von ihm kontrolliert, können die chlorsauren Salze in manchen Fällen segensreiche Heilwirkung ohne schädliche Nebenerscheinungen auch heute noch verrichten. Ein chlorsaures Salz aber täglich von jedermann anwenden zu lassen, dazu ist es nach Kobert[4]) viel zu giftig; und bis das Gegenteil erwiesen ist, muß man beim Gebrauch von chlorsaurem Aluminium dieselbe Vorsicht walten lassen wie bei seinen bisher in der Heilkunde angewendeten Verwandten.

---

[1]) Mallebrein und Wasmer, Problem der Anwendung von Chlor usw. Zeitschr. f. Tuberkulose, 18, Heft 3, 1912.

[2]) Kobert, Lehrbuch der Intoxikationen, schon in der ersten Auflage 1893, 480.

[3]) v. Mering, Das chlorsaure Kali. Berlin 1885, 86.

[4]) R. Kobert, Chemiker-Zeitung 1917, 133.

1. Über die Literatur, die Blutwirkung des chlorsauren Kaliums betreffend.

Die Kenntnisse, die wir über die toxischen Wirkungen der chlorsauren Salze besitzen, sind noch nicht alt. Sie sind bezüglich des chlorsauren Kalis am vollständigsten und wurden von diesem auf die anderen chlorsauren Salze übertragen. „Die mit Lösungen (anderer chlorsaurer Salze) angestellten Versuche ergaben, daß alle chlorsauren Salze in gleicher Weise zersetzend auf Blut einwirken"[1].

Im Jahre 1876 machte Jaederholm[2] die wichtige Angabe, daß bei der Einwirkung von Kali chloricum auf Blut sich Methämoglobin bildet: „Ganz auf dieselbe Weise (wie Ferricyankalium und übermangansaures Kali), obschon etwas langsamer, wirkt chlorsaures Kali. Es muß somit von Preyers Liste der indifferenten Salze gestrichen werden. Versetzte ich eine Blutlösung mit dem gleichen Volumen einer kalt gesättigten Solution von Kali chloricum und verdünnte zur Kontrolle eine gleiche Portion derselben Blutlösung mit dem nämlichen Volumen von destilliertem Wasser, so war bei der 14 Stunden danach vorgenommenen Untersuchung die Kontrollösung unverändert, dagegen die mit Kali chloricum versetzte braungelb, neutral und zeigte ein Methämoglobinspektrum mit 4 Streifen, von denen I. bei 17,49 lag und II. so schwach war, daß wenig oder gar kein Oxyhämoglobin übrig sein konnte."

Nachdem bis Ende der siebziger Jahre im großen und ganzen die Ansicht geherrscht, daß das chlorsaure Kali selbst in großen Dosen vom Organismus ohne Schaden vertragen werde, erschienen im Jahre 1879 zwei hochwichtige Arbeiten von Marchand[3] und Jacobi[4], in denen über die giftigen Wirkungen des Kali chloricum, namentlich über mehrere Todesfälle infolge unvorsichtigen Gebrauches desselben berichtet wurde. Nächst Jäderholm verdanken wir den exakten Untersuchungen Marchands die wissenschaftliche Begründung der toxischen Eigenschaft des Mittels.

Später haben Cahn, Stokvis, v. Mering, Falck und v. Lim-

---

[1] v. Mering, Das chlorsaure Kali, 1885, 86.

[2] Jaederholm, Nordiskt Medicinskt Arkiv 8, No. 12, 1876. Referiert in Malys Jahresbericht für 1876. Ferner Zeitschr. f. Biologie 12, 227.

[3] F. Marchand, Über die Intoxikation durch chlorsaure Salze. Virchows Archiv 72, 1879.

[4] The Medical Record 1879. Es ist dies ein Vortrag, der am 5. Februar 1879 in der medizinischen Gesellschaft zu New York gehalten wurde und der durchschlagend wirkte. Jacobi hatte aber schon 1861 in der American Medical Times sowie 1877 in Gerhardts Handbuch der Kinderkrankheiten auf die Gefährlichkeit des Mittels aufmerksam gemacht.

beck sich mit der Zergliederung dieser (methämoglobinbildenden) Wirkung überaus eingehend beschäftigt. Einzelheiten darüber möge man in der Monographie v. Merings und in der zweiten Auflage von Koberts Lehrbuch der Intoxikationen nachlesen.

Das chlorsaure Kali kann nach diesen Autoren als das Prototyp derjenigen Substanzen gelten, die oxydatives Methämoglobin bilden, obwohl diese Bildung bei niederer Temperatur, bei ganz normalem Blute und gehöriger Verdünnung des Salzes weder sehr rasch vor sich geht, noch besonders stark ist. Je höher man die Temperatur wählt, desto leichter kommt die Methämoglobinbildung zustande. Sie ist ferner eine um so raschere und vollkommenere, je geringer die Alkalescenz des Blutgemisches ist. Bei sehr großen Dosen (30 g) kommt noch die Wirkung der „Salze" hinzu, d. h. das isotonische Gleichgewicht zwischen Blutkörperchen und Serum wird so gestört, daß die Blutkörperchen schrumpfen und zerfallen und die Funktionstätigkeit der wichtigen Ganglienzellen des Nervensystems eine schwere Einbuße erleidet. Bei kleineren Dosen wird erst in den Blutkörperchen Methämoglobin gebildet und dann zerfallen diese teilweise. Beim Hund verläuft dieser Prozeß wie beim Menschen; bei der Katze sind die Blutkörperchen noch viel empfindlicher gegen das Gift als beim Hund. Nicht unerwähnt darf bleiben, daß extra und intra corpus beim Blute des Hundes die Methämoglobinbildung unter dem Einflusse von chlorsaurem Kali durch Salzwirkung, d. h. durch Zusatz selbst des indifferenten Kochsalzes, wesentlich gesteigert wird. Dies hat zuerst F. A. Falck bewiesen. Wir müssen also beim chlorsauren Kali unbedingt beide Wirkungen, die des Oxydationsmittels und die des Salzes, zur Erklärung seiner Giftwirkung auf den Menschen mit verwerten.

v. Mering fand, daß Dosen des chlorsauren Kalis, die für gesunde Menschen völlig indifferent sind, auf Patienten besonders dann giftig wirken, falls diese an Fieber, Dyspnoe und Verringerung der Blutalkalescenz, z. B. durch dargereichte Mineralsäure-Limonaden oder Diabetes leiden. Der Einfluß des Fiebers ist offenbar ein dreifacher, indem es erstens das Blut eindickt, zweitens die Blutalkalescenz herabsetzt und drittens durch die höhere Temperatur die Umwandlung wesentlich begünstigt. Der Einfluß der Dyspnoe dürfte in Herabsetzung der Blutalkalescenz durch CO_2 zu suchen sein. Die Darreichung von Mineralsäuren vermindert die Alkalescenz noch mehr. Alle diese Faktoren wirken, wie oben besprochen, auf die Umwandlung des Blutfarbstoffes in Methämoglobin unterstützend ein. Bei sehr großen Dosen des Salzes kommt naturgemäß auch noch die Wirkung der Salze hinzu.

Keineswegs sind alle Patienten, bei denen man in vita bereits Methämoglobinbildung im Blute nachweisen kann, verloren; es kann vielmehr bei Darreichung von Alkalien völlige Zurückverwandlung eintreten, so daß nicht einmal der Verlust an roten Blutkörperchen ein exzessiver zu sein braucht.

v. Mering unterscheidet 2 Formen der Kaliumchloratvergiftung: eine perakute und eine minder rasch verlaufende.

„Bei den sehr rasch verlaufenden Fällen[1]) erfolgt der Tod in wenigen Stunden direkt durch die Blutzersetzung. Symptomatisch beobachten wir hartnäckiges Erbrechen, profuse Diarrhoe, hochgradige Dyspnoe, tiefe Cyanose und Herzschwäche. Der Leichenbefund ergibt chokoladenbraune Verfärbung des Blutes, während im übrigen die Organe, namentlich die Nieren, verhältnismäßig wenig verändert sind. Die meisten Fälle dieser Art betreffen Vergiftungen, die durch einmalige Einverleibung einer sehr großen Dosis (meist nüchtern aus Irrtum statt Bittersalz genommen) hervorgerufen wurden. Hierbei kommt es zu einer Anhäufung des Salzes im Blute und damit zu einer so intensiven Blutveränderung, daß die Erhaltung des Lebens unmöglich wird. Einen geringen Gehalt des Blutes an Methämoglobin erträgt der Körper ohne Nachteil.

Tritt der Tod erst längere Zeit nach der Vergiftung ein, so erfolgt er nicht direkt durch die Alteration des Blutes, sondern es häufen sich die Zerfallsprodukte des Blutes in verschiedenen Organen, wie Leber, Milz, Knochenmark, besonders aber den Nieren an und führen eine Verstopfung der Harnkanälchen herbei, infolgedessen es zu Behinderung der Urinsekretion und Urämie kommt. In diesen minder rasch verlaufenden Fällen beobachten wir folgende Vergiftungserscheinungen:

1. Störungen in der Beschaffenheit der Haut und des Blutes: Grauviolette Flecken der Haut und ikterische Verfärbung, Auftreten von Methämoglobin im Blute und eigentümliche Veränderungen der roten Blutkörperchen, hochgradige Atemnot und Herzschwäche.

2. Gastrointestinalstörungen: Heftige Diarrhoe, hartnäckiges, meist schwarzgrünes Erbrechen, Schwellung der Leber und Milz.

3. Funktionsstörungen der Nieren: Langwierige Oligurie und Anurie. Der sparsam gelassene trübe Harn zeigt eine rotbraune bis schwarze Farbe, enthält spektroskopisch Methämoglobin und Hämatin, sowie erhebliche Mengen von Eiweiß; mikroskopisch weist er zahlreiche Detritusmassen von roten Blutkörperchen in Form von breiten braunen Cylindern oder gelbbraunen amorphen Schollen auf.

4. Störungen des Nervensystems: Urämische Erscheinungen, wie Delirien, Benommenheit, Koma, hartnäckiges Erbrechen, tonische und klonische Krämpfe, sowie Starre der Extremitäten.

Die Sektion ergibt häufig die charakteristische schokoladenbraune Verfärbung des Blutes und das Vorhandensein von Methämoglobin. Die Blutveränderung fehlt zuweilen, besonders dann, wenn der Tod erst längere Zeit nach der Vergiftung erfolgt oder die Autopsie im Sommer einige Tage post mortem ausgeführt wird. Durch die normalen Reduktionsvorgänge in der Leiche wird nämlich aus Methämoglobin wieder Hämoglobin, und dieses wird an der Luft wieder zu Oxyhämoglobin.

---

[1]) v. Mering, „Das chlorsaure Kali", 1885, 134 f.

Die Unterleibsorgane, Milz, Leber und Nieren, erscheinen meist beträchtlich vergrößert und sind mit bräunlichen Zerfallsprodukten von roten Blutkörperchen angefüllt. Die wichtigste Organvergiftung ist die der Nieren; man findet wie bei der Lorchelvergiftung von Hunden sowohl in den gewundenen als in den geraden Harnkanälchen reichliche Mengen bräunlicher, teils cylinderförmig, teils unregelmäßig gestalteter Massen, die den größten Teil des abführenden Kanalsystems verstopfen. Das Knochenmark erscheint braun verfärbt und enthält zahlreiche zerfallene Blutkörperchen. Die Schleimhaut des Magens ist geschwellt und weist leichte Ecchymosen auf."

Versuche Marchands[1]) haben ergeben, daß das chlorsaure Kali bei gefülltem Magen weniger wirksam ist als bei leerem.

Welche Mengen chlorsauren Kalis sind nun aber für den Organismus unbedingt unschädlich oder schädlich? Sicherlich unschädlich sind diejenigen Mengen des Salzes, die nicht mehr in der Lage sind, das Blut in Methämoglobin umzuwandeln. Man kann also experimentell in der Weise vorgehen, daß man die Grenze der Konzentration feststellt, bei der chlorsaures Kali noch gerade auf Hämoglobin energisch einwirkt. Diese Konzentration dürfte im Blute natürlich nie erreicht werden. Dies zu erforschen, habe ich eine Reihe von Versuchen angestellt, wodurch die Untersuchungen von v. Mering ergänzt werden.

2. Eigene Versuche über die Stärke der Wirkung des chlorsauren Kaliums auf das Blut.

Zunächst muß ich über die Technik der Versuche folgendes sagen. Seit Jahren werden im hiesigen Institute Versuche über hämolysierende und über agglutinierende Gifte immer in der Weise angestellt, daß je 5 ccm physiologischer Kochsalzlösung in eine Reihe von meist 7 Reagensgläschen eingegossen werden, zu denen je 2 Tropfen defibriniertes Blut gesetzt werden. Das erste und letzte Gläschen bleiben ohne weitere Zusätze. Wo statt Blut gewaschene Blutkörperchen verwendet werden, da werden diese so eingestellt, daß 1 Tropfen Körperchen etwa dem Körperchengehalt von 2 Tropfen Blut entspricht. Zu den 5 ccm physiologischer Kochsalzlösung der Gläschen II bis IV werden entweder steigende oder fallende

---

[1]) F. Marchand, „Über die Intoxikation durch chlorsaure Salze". Virchows Archiv 72, 1879.

Mengen des zu untersuchenden Salzes gelöst. Die Gläschen werden in einigen Versuchen bei 37 bis 38° im Wärmeschrank, in anderen bei 20° und in den meisten bei 10 bis 15° nach einmaligem Umschwenken stehen gelassen. Nach spätestens 24 Stunden wurde das Ergebnis abgelesen. Einige Versuchsreihen wurden unter Benutzung von destilliertem Wasser statt physiologischer Kochsalzlösung angestellt. Hier erfolgte die Salzeinwirkung also auf gelöstes Hämoglobin bzw. auf gelöstes Blut. Ich ordne die Versuche nach den verschiedenen Blutarten und gebe immer an, welche Sperrflüssigkeit und welche Temperatur verwendet wurde. Alle Blutarten waren natürlich defibriniert und wurden im Eisschrank bis zum Beginn des betreffenden Versuches aufbewahrt. Zum Nachweis und zur Unterscheidung des Methämoglobins vom Hämatin und vom O_2Hb wurden die Reaktionen mit CNH, mit Na_2CO_3 und das Spektroskop benutzt.

a) **Versuche mit Menschenblut.**

Das Blut ist frisches Placentarblut.

Versuch 1. Es werden 7 Gläschen aufgestellt; jedes enthält 5 ccm Aq. dest. + 2 Tropfen Blut. Ferner werden zugesetzt bei Gläschen II 0,6 mg, bei Gläschen III 0,4 mg, bei Gläschen IV 0,2 mg, bei Gläschen V 0,1 mg, bei Gläschen VI 0,05 mg $KClO_3$. I und VII sind Kontrollen ohne $KClO_3$. Aufgestellt bei 20 bis 25°. Nach etwa 17 Stunden finden wir Folgendes. Das Blut ist in sämtlichen Gläschen noch gelöst. Glas II und III zeigen Braunfärbung, die anderen Rotfärbung. Im Spektroskop sieht man bei Glas II bis IV den MetHb-Streifen im Rot deutlich, bei Glas V schwächer. Er fehlt bei Glas VI, I und VII.

Ergebnis: Bei in Aq. dest. gelöstem menschlichen Blute findet noch bei 0,4 mg : 5 ccm = 4 : 50000 = **1 : 12500** eine völlige Umwandlung in MetHb durch $KClO_3$ statt; bei 0,1 : 5 ccm = 1 : 50000 ist die MetHb-Bildung noch eine partielle.

Versuch 2. 7 Gläschen. Jedes enthält 5 ccm physiolog. Kochsalzlösung + 2 Tropfen Blut. Dem sind zugesetzt bei Glas II 0,8 mg, bei Glas III 0,6 mg, bei Glas IV 0,4 mg, bei Glas V 0,2 mg, bei Glas VI 0,1 mg $KClO_3$. Glas I und VII Kontrollen. Aufgestellt bei 20 bis 25°. Nach 17 Stunden nirgends Hämolyse. Nach Abgießen der Flüssigkeit, die ganz farblos und klar ist, und Aufgießen von je 5 ccm Aq. dest. nirgends Braunfärbung, noch auch spektroskopisch MetHb sicher nachweisbar.

Ergebnis: Bei intakten Blutkörperchen wirkt 0,8 mg $KClO_3$ auf 2 Tropfen Menschenblut in 5 ccm bei 20 bis 25° noch gar nicht schädlich ein.

Versuch 3. 7 Gläschen. Jedes enthält 5 ccm physiolog. Kochsalzlösung + 2 Tropfen Blut. Außerdem enthält Glas II 1 mg, Glas III 0,8 mg, Glas IV 0,6 mg, Glas V 0,4 mg, Glas VI 10 mg $KClO_3$. Glas I und VII Kontrollen. Aufgestellt bei 20 bis 25°. Nach 17 Stunden nirgends Hämolyse. Abgießen der farblosen Flüssigkeit und Zusatz von je 5 ccm Aq. dest. Bei Glas II bis V lösen sich die am Boden liegenden Blutkörperchen mit roter Farbe. Im Spektrum ist kein MetHb-Streifen im Rot vorhanden. Ebenso bei Glas I und VII. Bei Glas VI findet die Lösung der verklebten Blutkörperchen nur teilweise statt. Es tritt trübe Braunfärbung ein. Im Spektrum kein MetHb-Streifen im Rot; auch erfolgt nach Zusatz von Alkali keine Rötung. Es ist also Hämatinbildung eingetreten. MetHb hätte mit 1 Tropfen Soda in rotes sogen. alkalisches MetHb übergehen müssen.

Ergebnis: Bei 10 mg : 5 ccm = **1 : 500** keine MetHb-Bildung mehr, sondern bereits Hämatinbildung bei in physiolog. Kochsalzlösung suspendiertem Blute der Placenta. Die 10 fach kleinere Menge dagegen nicht einmal partielle MetHb-Bildung hervorrufend.

Versuch 4. Je ein Gläschen mit 5 ccm Aq. dest. und eins mit 5 ccm physiolog. Kochsalzlösung, je enthaltend 2 Tropfen Blut der Placenta und je 2 mg $KClO_3$. Aufgestellt bei 20 bis 25°. Dazu je eine Kontrolle. Nach 17 Stunden zeigen die Kontrollen keine Veränderung. Bei den anderen beiden Gläsern ist MetHb und bei der Blutlösung weiter auch sogar Hämatinbildung eingetreten.

Ergebnis: Da bei intakten Blutkörperchen bei 1 : 5000 noch keine MetHb-Wirkung feststellbar war, sie aber bei 2 : 5000 = 1 : 2500 intensiv eingetreten ist, so liegt die wirksame Dosis auf intakte Blutkörperchen des serumhaltigen Menschenblutes bei 20 bis 25° zwischen **1 : 2500** und **1 : 5000**. Bei Blutlösung kommt es bei dieser Konzentration sogar schon zu Hämatinbildung.

Versuch 5. 5 Gläschen, enthaltend je 5 cm Aq. dest. + 2 Tropfen Blut der Placenta eines scheinbar gesunden Kindes. Ferner enthält Glas II 0,1 mg, Glas III 0,05 mg, Glas IV 0,04 mg $KClO_3$. Glas I und V sind Kontrollen. Bei 37°. Nach etwa 24 Stunden Kontrollen unverändert. Glas II zeigt Braunfärbung, auf dem Boden liegen ungelöste Blutkörperchen. Spektroskopisch ist im Rot ein sehr starker MetHb-Streifen zu sehen. Glas III zeigt Braunfärbung und den MetHb-Streifen im Rot. Glas IV zeigt Rotfärbung, aber noch einen deutlichen MetHb-Streifen im Rot.

Ergebnis: Bei 0,05 mg : 5 ccm, d. h. bei **1:100000** noch völlige MetHb-Bildung; bei 0,04 : 5 = 1 : 125 000 noch partielle MetHb-Bildung bei gelöstem menschlichen Blut und Körpertemperatur.

Versuch 6. 6 Gläschen, in jedem 5 ccm physiolog. Kochsalzlösung + 2 Tropfen Placentarblut. Zugesetzt sind zu Glas II 0,4 mg, zu Glas III 0,2 mg, zu Glas IV 0,1 mg, zu Glas V 0,5 mg $KClO_3$. Glas I und VI Kontrollen. Bei 37° gehalten. Nach 24 Stunden nirgends Hämolyse. Nach Abgießen der farblosen Flüssigkeit und Auflösen der Blutkörperchen in je 2 ccm Aq. dest. zeigt Glas II völlige MetHb-Bildung, Glas III schwache partielle, Glas I, IV, V und VI keine Veränderung.

Ergebnis: Also ist bei intakten Blutkörperchen, die bei Körpertemperatur gehalten wurden, bei 0,2 mg : 5 ccm = 1 : 25000 eine partielle, bei 0,4 : 5 = **1:12500** noch völlige methämoglobinbildende Wirkung des $KClO_3$ für Menschenblut festgestellt.

Versuch 7. Menschenblut von einer Kohlenoxydvergiftung, die letal verlief. Blut sehr gut konserviert; alle Blutkörperchen erhalten. 7 Gläschen; jedes enthält 5 ccm Aq. dest. + 2 Tropfen Blut. Zugesetzt wurden zu Glas II 0,8 mg, zu Glas III 0,6 mg, zu Glas IV 0,4 mg, zu Glas V 0,2 mg, zu Glas VI 0,1 mg $KClO_3$. Glas I und VII Kontrollen. Bei 20 bis 25°. Nach 17 Stunden in allen Gläsern ein Niederschlag, der bei I und VII aus Stromata besteht, bei den übrigen aber braun aussieht, allerdings bei VI nur sehr schwach braun gefärbt. Bei II bis V reichlich, bei VI etwas weniger reichlich, aber doch deutlich, MetHb-Spektrum erkennbar.

Ergebnis: Zur Lösung von CO-Blut des Menschen ist 1 : 50000 noch nicht die äußerste Grenze der partiellen Wirkung von Kali chloricum. Die Grenze für völlige Umwandlung der gelösten CO-Hb in MetHb liegt bei **1:25000**.

Versuch 8. Dasselbe CO-Blut wie bei Versuch 7. 7 Gläschen, in jedem 5 ccm Aq. dest. + 2 Tropfen Blut. Zugesetzt werden: zu Glas II 0,6 mg, zu Glas III 0,4 mg, zu Glas IV 0,2 mg, zu Glas V 0,1 mg, zu Glas VI 0,05 mg $KClO_3$. Glas I und VII Kontrolle. — Bei 20 bis 25°. Nach 17 Stunden: Bei I bis V Verhalten wie in Versuch 7; noch bei Glas VI teilweise Umwandlung in MetHb.

Ergebnis: Die gänzliche Umwandlung in MetHb reicht wieder bis **1:25000**. Aber noch bei 0,05 mg : 5 ccm = 1 : 100000 ist das chlors. Kali imstande gewesen, das gelöste Hämoglobin eines an CO-Vergiftung gestorbenen Menschen teilweise in MetHb umzuwandeln.

Versuch 9. Dasselbe CO-Blut bei 20 bis 25°. 7 Gläschen. In jedem 5 ccm physiologische Kochsalzlösung + 2 Tropfen Blut, dem zugesetzt sind: bei Glas II 0,6 mg, bei Glas III 0,4 mg, bei Glas IV 0,2 mg, bei Glas V 0,1 mg, bei Glas VI 0,05 mg $KClO_3$. Glas I und IV Kontrollen. — Bei 20 bis 25°. Nach 17 Stunden: Nirgends Hämolyse; alle Blutkörperchen liegen am Boden, darüber farblose Flüssigkeit. Bodensatz von Glas II löst sich in 5 ccm Aq. dest. sofort mit rein roter Farbe und zeigt nur O_2Hb-Spektrum; keine MetHb-Bildung. Dasselbe ist bei sämtlichen andern Gläschen der Fall.

Ergebnis: Die wirksame Dosis muß also höher liegen als bei 0,6 mg : 5 ccm = 1 : 8233.

Versuch 10. Dasselbe Blut und dieselbe Anordnung, nur größere Dosen, nämlich: in Glas II 2,0 mg, in Glas III 1,5 mg, in Glas IV 1,0 mg $KClO_3$. Nach 16 Stunden war überall totale MetHb-Bildung eingetreten.

Ergebnis: Bei **1 : 5000** wirkt $KClO_3$ bei 20 bis 25° auf in kochsalzsuspendiertes CO-Blut völlig methämoglobinbildend ein.

b) Versuche mit Katzenblut.

Versuch 1. 7 Gläschen; in jedem 5 ccm Aq. dest. + 2 Tropfen Blut. Zugesetzt sind: zu Glas II 4 mg, zu Glas III 2 mg, zu Glas IV 1 mg, zu Glas V 0,5 mg, zu Glas VI 0,2 mg $KClO_3$. Glas I und VII Kontrollen. — Bei 20 bis 25°. Nach 7 Stunden ist noch nirgends eine Veränderung eingetreten. Nach 24 Stunden zeigen Glas II bis V Braunfärbung; im Spektroskop ein deutlicher MetHb-Streifen. Glas VI, I und VII zeigen Rotfärbung; der MetHb-Streifen ist nicht vorhanden.

Ergebnis: Bei 20 bis 25° erfolgt bei 0,5 mg : 5 ccm = **1 : 10000** bei Katzenblutlösung noch vollkommene MetHb-Bildung, bei 0,2 mg : 5 ccm = 1 : 25000 keine mehr. Die Grenze der Wirkung liegt also über 1 : 25000.

Versuch 2. 7 Gläschen; in jedem 5 ccm physiologische Kochsalzlösung + 2 Tropfen Blut. Es sind zugesetzt: zu Glas II 4 mg, zu Glas III 2 mg, zu Glas IV 1 mg, zu Glas V 0,5 mg, zu Glas VI 0,2 mg $KClO_3$. Glas I und VII Kontrollen. — Bei 20 bis 25°. Nach 7 Stunden nirgends eine Veränderung. Nach 24 Stunden: Die Blutkörperchen liegen sämtlich ungelöst am Boden, darüber farblose Flüssigkeit. Nach Abgießen derselben und Zusatz von je 5 ccm Aq. dest. lösen sich die Blutkörperchen überall mit roter Farbe. Bei Glas III ist der MetHb-Streifen im Spektrum deutlich; er fehlt aber bei sämtlichen andern.

Ergebnis: Bei in physiologischer Kochsalzlösung suspendiertem Katzenblut ist bei 4 mg : 5 ccm = 1 : 1250 nur teilweise MetHb-Bildung eingetreten; bei 2 mg : 5 ccm = 1 : 2500 gar keine mehr. Für völlige Umwandlung in MetHb sind also größere Dosen erforderlich.

Versuch 3. 4 Gläschen; in jedem 5 ccm Aq. dest. + 2 Tropfen Blut. Es sind zugesetzt: zu Glas II 0,1 mg, zu Glas III 0,05 mg, zu Glas IV 0,02 mg $KClO_3$. Glas I Kontrolle. — Bei 37°. Nach 7 Stunden:

Keinerlei Veränderung. Nach 24 Stunden: Glas I zeigt keinerlei Veränderung. Glas II bis IV völlige MetHb-Bildung, d. h. Braunfärbung und MetHb-Streifen; der O_2Hb-Streifen fehlt.

Ergebnis: Die unschädliche Dosis liegt also tiefer. Bei 0,02 mg : 5 ccm = **1 : 250000** ist das in dest. Wasser gelöste Katzenblut bei 37° noch völlig in MetHb umgewandelt worden. Daß Katzenblut besonders empfindlich gegen MetHb bildende Stoffe ist, ist längst bekannt.

c) Versuche mit Hundeblut.

Versuch 1. 7 Gläschen; in jedem 5 ccm Aq. dest. + 2 Tropfen frisches Blut. Zugesetzt sind zu Glas II 5 mg, zu Glas III 4 mg, zu Glas IV 3 mg, zu Glas V 2 mg, zu Glas VI 1 mg $KClO_3$. Glas I und VII Kontrollen. — Bei 20 bis 25°. Bereits nach $4^1/_2$ Stunden ist überall bei II bis VI völlige MetHb-Bildung eingetreten. Kontrollen unverändert.

Ergebnis: Die unschädliche Dosis muß also wesentlich tiefer liegen. Bei 1 mg : 5 ccm = **1 : 5000** erfolgt bei 20 bis 25° in Hundeblutlösung noch völlige Umwandlung in MetHb.

Versuch 2. 7 Gläschen, wovon jedes 5 ccm physiol. Kochsalzlösung + 2 Tropfen frisches Blut enthält, sowie Glas II 5 mg, Glas III 4 mg, Glas IV 3 mg, Glas V 2 mg, Glas VI 1 mg $KClO_3$. Glas I und VII Kontrollen. — Bei 20 bis 25°. Nach $4^1/_2$ Stunden zeigen Glas II und III bereits völlige MetHb-Bildung. Nach 24 Stunden: Blutkörperchen sämtlich ungelöst am Boden, darüber farblose Flüssigkeit. Nach Abgießen derselben und Zusatz von je 5 ccm Aq. dest. lösen sich die Blutkörperchen in Glas II bis V mit brauner, bei Glas VI, I und VII mit roter Farbe. Vor dem Spektroskop zeigen II bis VI den MetHb-Streifen in Rot.

Ergebnis: Es ist in bei 20 bis 25° gehaltenem mit phys. ClNa-Lösung verdünntem Blute des Hundes bei 2 mg : 5 ccm = **1 : 2500** durch das chlors. Kali eine völlige, bei 1 mg : 5 ccm = **1 : 5000** noch eine teilweise Umwandlung in MetHb. eingetreten.

Versuch 3. 7 Gläschen; in jedem 5 ccm Aq. dest. + 2 Tropfen frisches Blut. Zugesetzt sind zu Glas II 0,5 mg, zu Glas III 0,4 mg, zu Glas IV 0,3 mg, zu Glas V 0,2 mg, zu Glas VI 0,1 mg $KClO_3$. Glas I und VII Kontrollen. — Bei 20 bis 25°. Nach 24 Stunden zeigen Glas II bis V Braunfärbung, Glas VI, I und VII Rotfärbung. Im Spektrum II bis VI der MetHb-Streifen deutlich; er fehlt bei I und VII.

Ergebnis: Wir haben also bei Glas V noch völlige, bei VI teilweise Umwandlung in MetHb. Die Grenze der völligen Umwandlung liegt also für in dest. Wasser gelöstes, bei 20 bis 25° gehaltenes Hundeblut bei 0,2 mg : 5 ccm = **1 : 25000**; die der partiellen des Hundeblutes in dest. Wasser bei 0,1 mg : 5 ccm = 50000. Das Lösen steigert wie bei früheren Versuchen so auch hier die Empfindlichkeit gegen chlorsaures Kali beträchtlich.

Versuch 4. 4 Gläschen; in jedem 5 ccm physiol. Kochsalzlösung + 2 Tropfen frisches Blut. Zugesetzt sind: zu Glas II 0,2 mg, zu Glas III 0,1 mg, zu Glas IV 0,05 mg $KClO_3$. Glas I Kontrolle. Bei 37°. Nach 24 Stunden nirgends Hämolyse. Die jetzt vorgenommene Lösung der Blutkörperchen in je 5 ccm Aq. dest. zeigt bei Glas II und III braune, bei Glas I und IV rote Farbe. Im Spektrum bei Glas II, III und IV der MetHb-Streifen; bei IV sind gleichzeitig die beiden OxyHb-Streifen sichtbar. Bei Glas I nur diese.

Ergebnis: Völlige Umwandlung des in physiol. Kochsalzlösung suspendierten Hundeblutes bei 37° binnen 24 Stunden, bei 0,1 : 5 ccm = **1 : 50000**; partielle noch bei 1 : 100000.

d) Versuche mit Rinderblut.

Versuch 1. 7 Gläschen; in jedem 5 ccm physiolog. Kochsalzlösung + 2 Tropfen Blut. Zugesetzt sind zu Glas II 0,8 mg, zu Glas III 0,6 mg, zu Glas IV 0,4 mg, zu Glas V 0,2 mg, zu Glas VI 0,1 mg $KClO_3$. Glas I und VII Kontrollen. — Bei 20 bis 25°. Nach 19 Stunden nirgends Hämolyse; auch nirgends MetHb-Bildung.

Ergebnis: Die wirksame Dosis muß also bei ungelöstem Rinderblut für 20 bis 25° höher liegen als 0,8 mg : 5 ccm, d. h. als bei 1 : 6250.

Versuch 2. 7 Gläschen; in jedem 5 ccm Aq. dest. + 2 Tropfen Blut. Zugesetzt werden zu Glas II 0,8 mg, zu Glas III 0,6 mg, zu Glas IV 0,4 mg, zu Glas V 0,2 mg, zu Glas VI 0,1 mg $KClO_3$. Glas I und VII Kontrollen. — Bei 20 bis 25°. Nach 16 Stunden ist bei Glas II bis IV starke Braunfärbung eingetreten; V, VI, VII und I zeigen Rotfärbung. Im Spektrum bei II bis IV der MetHb-Streifen sehr stark, bei V und VI schwach.

Ergebnis: Es ist bei gelöstem Rinderblut bei 20 bis 25° eine totale Umwandlung bei 0,4 mg : 5 ccm = **1 : 12500**, eine partielle eben noch bei 0,1 : 5 ccm = 1 : 50000 eingetreten.

e) Versuche mit Schweineblut.

Versuch 1. 7 Gläschen; in jedem 5 ccm Aq. dest. + 2 Tropfen Blut. Zugesetzt werden zu Glas II 0,6 mg, zu Glas III 0,4 mg, zu Glas IV 0,2 mg, zu Glas V 0,1 mg, zu Glas VI 0,06 mg, zu Glas VII 0,04 mg $KClO_3$. Glas I Kontrolle. — Bei 20 bis 25°. Nach 24 Stunden ist bei Glas III bis VII nirgends MetHb-Bildung eingetreten, auch nicht partiell, wohl aber bei Glas II partiell.

Ergebnis: Die total wirksame Dosis liegt also höher als
0,6 mg : 5 ccm = 6 : 50000 = 1 : 8333.

Versuch 2. 7 Gläschen; in jedem 5 ccm Aq. dest. + 2 Tropfen
Blut. Zugesetzt werden zu Glas II 5 mg, zu Glas III 4 mg, zu Glas IV
3 mg, zu Glas V 2 mg, zu Glas VI 1 mg $KClO_3$. Glas I und VII Kontrollen. — Bei 20 bis 25°. Nach 24 Stunden überall völlige MetHb-Bildung; Kontrollen unverändert.

Ergebnis: Es wirkt also $KClO_3$ bei 1 mg : 5 ccm = **1 : 5000**
vollkommen MetHb-bildend. Aus Versuch 1 und 2 ergibt sich
also, daß für 20 bis 25° die total wirksame Grenzdosis bei in
Aq. dest. gelöstem Schweineblut noch etwas tiefer, nämlich
bei 1 : 5000 und 1 : 8333 liegt.

Versuch 3. 7 Gläschen; in jedem 5 ccm physiol. Kochsalzlösung
+ 2 Tropfen Blut. Zugesetzt werden zu Glas II 5 mg, zu Glas III 4 mg,
zu Glas IV 3 mg, zu Glas V 2 mg, zu Glas VI 1 mg $KClO_3$. Glas I und
VII Kontrollen. — Bei 20 bis 25°. Nach 24 Stunden: Nirgends Hämolyse.
Nach Lösung der Blutkörperchen in je 5 ccm Aq. dest. zeigt sich bei
Glas II vollständige Braunfärbung der Lösung, bei allen andern Rotfärbung. Im Spektroskop ist der MetHb-Streifen bei Glas II bis IV
sichtbar; er fehlt bei V und VI und den beiden Kontrollen.

Ergebnis: Es ergibt sich also eine totale MetHb-Bildung
in den intakten Blutkörperchen des Schweines bei 20 bis 25°
bei 5 mg : 5 ccm = **1 : 1000**; eine partielle noch bei 3 mg : 5 ccm
= 1 : 1666.

Versuch 4. 3 Gläschen; in jedem 5 ccm physiol. Kochsalzlösung
+ 2 Tropfen Blut. Zugesetzt werden zu Glas II 0,1 mg, zu Glas III
0,2 mg $KClO_3$. Glas I Kontrolle. — Bei 37°. Nach 24 Stunden nirgends
Hämolyse. Nach Abgießen der farblosen Flüssigkeit werden die Blutkörperchen in je 5 ccm Aq. dest. gelöst. Alle 3 Gläschen zeigen Rotfärbung; nirgends findet sich im Spektrum der MetHb-Streifen.

Ergebnis: Das chlors. Kali ist bei intakten Schweineblutkörperchen, das bei 37° gehalten ist, nicht imstande, binnen
24 Stunden bei 0,2 mg : 5 ccm = 1 : 25000 MetHb zu bilden.
Daß bei gelöstem Blute die Verhältnisse anders liegen, zeigt
der folgende Versuch.

Versuch 5. 3 Gläschen; in jedem 5 ccm Aq. dest. + 2 Tropfen Blut.
Zugesetzt sind zu Glas II 0,2 mg, zu Glas III 0,1 mg $KClO_3$. Glas I
Kontrolle. — Bei 37°. Nach 24 Stunden zeigt Glas I keine Veränderung;
Glas II und III aber totale MetHb-Bildung.

Ergebnis: Es findet bei gelöstem Schweineblut bei 37°
noch bei 0,1 mg : 5 ccm = **1 : 50000** totale Umwandlung in
MetHb statt.

f) Versuche mit Meerschweinchenblut.

Versuch 1. 7 Gläschen; in jedem 5 ccm Aq. dest. + 2 Tropfen frisches Blut. Zugesetzt sind zu Glas II 0,5 mg, zu Glas III 1 mg, zu Glas IV 2 mg, zu Glas V 4 mg, zu Glas VI 5 mg $KClO_3$. Glas I und VII Kontrollen. — Bei 20 bis 25°. Bereits nach 6 Stunden zeigen Glas V und VI totale MetHb-Bildung. Nach 24 Stunden bei III bis VI Braunfärbung, und zwar bei IV am stärksten. Bei V und VI ist die Veränderung weitergegangen; die Farbe ist durch Ausfall wieder heller geworden, und bei VI ist kein Streifen im Rot mehr zu sehen. Die Kontrollen sind intakt. Bei II ist zwar die Farbe noch rot, aber deutlich bereits partielle MetHb-Bildung spektroskopisch nachweisbar.

Ergebnis: Bei in dest. Wasser gelöstem Meerschweinchenblut erfolgte bei 20 bis 25° bei 0,5 mg : 5 ccm = 1 : 10000 partielle und bei 1 mg : 5 ccm = **1 : 5000** totale MetHb-Bildung.

Versuch 2. 7 Gläschen; in jedem 5 ccm physiol. Kochsalzlösung + 2 Tropfen Blut. Zugesetzt werden zu Glas II 0,5 mg, zu Glas III 1 mg, zu Glas IV 2 mg, zu Glas V 4 mg, zu Glas VI 5 mg $KClO_3$. Glas I und VII Kontrollen. — Bei 20 bis 25°. Bereits nach 6 Stunden ist bei V und VI MetHb-Bildung eingetreten; keine Hämolyse. Nach 24 Stunden: nirgends Hämolyse. Nach Auflösung des Bodensatzes in je 5 ccm Aq. dest. ergibt sich folgendes. Bei Glas VI ist nur teilweise Lösung erfolgt, da der größte Teil des Blutfarbstoffes fest verklebt als schwarzbraune Masse am Boden liegt. Es ist hier die Umwandlung weitergegangen zu Hämatin, das aber kein Absorptionsspektrum zeigt. Die Lösung von Glas IV, V und VI zeigt Braunfärbung; bei IV und V MetHb-Streifen im Rot. Glas II, III, sowie I und VII zeigen keinerlei MetHb-Bildung.

Ergebnis: Bei intakten Blutkörperchen des Meerschweinchens findet bei 20 bis 25° durch chlors. Kali bei 1 mg : 5 ccm = 1 : 5000 noch keine, bei 2 mg : 5 ccm = **1 : 2500** völlige MetHb-Bildung statt. Bei 5 mg : 5 ccm = 1 : 1000 erfolgt totale Hämatinbildung.

Versuch 3. 3 Gläschen; in jedem 5 ccm Aq. dest. + 2 Tropfen Blut. Zugesetzt werden zu Glas II 0,5 mg, zu Glas III 0,2 mg, zu Glas IV 0,1 mg $KClO_3$. Glas I Kontrolle. — Bei 37°. Nach 24 Stunden: Kontrolle intakt. Bei Glas II und III totale Umwandlung in MetHb; bei IV partielle, aber sehr deutlich.

Ergebnis: Bei gelöstem Meerschweinchenblut, das bei 37° gehalten wurde, findet noch eine starke, wenn auch nur partielle MetHb-Bildung bei 0,1 mg : 5 ccm = 1 : 50000 statt; bei 2,0 mg : 5 ccm = **1 : 25000** ist sie total.

Versuch 4. 2 Gläschen; in jedem 5 ccm Aq. dest. + 2 Tropfen Blut. — Glas I Kontrolle; Glas II enthält 0,5 mg $KClO_3$. — Bei 37°. Nach 24 Stunden: Kontrolle intakt. Bei Glas II ist noch partielle MetHb-Bildung deutlich erkennbar.

Ergebnis: In dest. Wasser gelöstes bei 37° gehaltenes Meerschweinchenblut zeigt nach 24 Stunden noch bei 0,05 mg : 5 ccm = 1 : 100 000 partielle MetHb-Bildung.

Versuch 5. 3 Gläschen; in jedem 5 ccm physiol. Kochsalzlösung + 2 Tropfen Blut. Zugesetzt sind zu Glas II 0,1 mg, zu Glas III 0,2 mg $KClO_3$. Glas I Kontrolle. — Bei 37°. Nach 24 Stunden nirgends Hämolyse. Nach Auflösung der am Boden liegenden Blutkörperchen in je 5 ccm Aq. dest. zeigen alle 3 Gläschen Rotfärbung; nirgends ist der MetHb-Streifen im Spektroskop sichtbar.

Ergebnis: Also tritt bei intakten Meerschweinchenblutkörperchen, auch wenn sie bei 37° gehalten sind, nach Zusatz von 0,2 mg $KClO_3$ zu 5 ccm, d. h. bei 1 : 25 000 noch keine MetHb-Bildung ein. Die wirksame Dosis liegt für nicht gelöstes Blut also höher. Dies stimmt zu den Erfahrungen mit den andern Blutarten.

g) Versuche mit Hammelblutkörperchen.

Es werden 3mal gewaschene Hammelblutkörperchen in physiologischer Kochsalzlösung so suspendiert, daß 2 Tropfen Blut = 1 Tropfen Körperchen sind.

Versuch 1. 7 Gläschen; in jedem 5 ccm Aq. dest. + 1 Tropfen Körperchen. Zugesetzt werden zu Glas II 0,6 mg, zu Glas III 0,4 mg, zu Glas IV 0,2 mg, zu Glas V 0,1 mg, zu Glas VI 0,05 mg $KClO_3$. Glas I und VII Kontrollen. — Bei 20 bis 25°. Nach 18 Stunden: Kontrollen intakt. Bei II und III totale, bei IV bis VI partielle MetHb-Bildung.

Ergebnis: Die MetHb-bildende Einwirkung des chlors. Kali ist bei 20 bis 25° also noch, wenigstens partiell, aber doch deutlich, für serumfreie gelöste Hammelblutkörperchen bei 0,05 mg : 5 ccm = 1 : 100 000 nachweisbar. Völlige Umwandlung in MetHb reicht bis zu 0,4 : 5000 = **1 : 12 500**. — Bei mehrfacher Wiederholung des Versuches wurde jedoch noch bei **1 : 25 000** meist völlige Umwandlung in MetHb gefunden.

Versuch 2. 7 Gläschen; in jedem 5 ccm physiol. Kochsalzlösung + 1 Tropfen Körperchen. Zugesetzt werden zu Glas II 0,6 mg, zu Glas III 0,4 mg, zu Glas IV 0,2 mg, zu Glas V 0,1 mg, zu Glas VI 0,05 mg $KClO_3$. Glas I und VII Kontrollen. — Bei 20 bis 25°. Nach 18 Stunden nirgends Hämolyse. Die am Boden liegenden Körperchen lösen sich in je 5 ccm Aq. dest. bei II und III mit brauner, bei IV bis VI mit roter Farbe. Kontrollen intakt. Bei Glas II bis VI ist der MetHb-Streifen im Rot überall deutlich.

Ergebnis: Also auch bei intakten Hammelkörperchen wird bei 20 bis 25° durch das chlors. Kali noch bei 0,05 mg : 5 ccm = 1 : 100 000 partiell MetHb gebildet.

Versuch 3. 3 Gläschen; in jedem 5 ccm Aq. dest. + 1 Tropfen Körperchen. Zugesetzt werden zu Glas II 0,02 mg, zu Glas III 0,01 mg $KClO_3$. Glas I Kontrolle. — Bei 37°. Nach 24 Stunden: Kontrolle unverändert. Glas II zeigt starke Braunfärbung, Glas III sehr schwache, deutlich ins Rötliche übergehend. Der MetHb-Streifen im Rot bei II deutlich, bei III nur angedeutet.

Ergebnis: Man kann von Glas III die Umwandlung gerade noch als wahrnehmbar bezeichnen; also geht die partielle MetHb-Bildung der in dest. Wasser gelösten Hammelblutkörperchen bei 37° sicher bis zu 0,02 mg : 5 ccm = 1 : 250 000.

Versuch 4. 2 Gläschen; in jedem 5 ccm physiol. Kochsalzlösung + 1 Tropfen Körperchen. Glas 1 Kontrolle, Glas II enthält noch 0,02 mg $KClO_3$. Nach 24 Stunden: Keine Hämolyse. Bei 37°. Nun Auflösung der am Boden liegenden Körperchen in je 5 ccm Aq. dest. Beide Gläschen zeigen danach Rotfärbung. Bei Glas II ist spektroskopisch der MetHb-Streifen im Rot eben noch erkennbar. Er fehlt bei der Kontrolle.

Ergebnis: Bei nicht gelösten, sondern in physiol. Kochsalzlösung suspendierten Hammelblutkörperchen ist also durch das chlors. Kali bei 0,2 mg : 5 ccm = 1 : 250 000 eine eben noch feststellbare MetHb-Bildung eingetreten. Selbstverständlich reicht sie nicht so weit wie bei den in dest. Wasser gelösten roten Blutkörperchen des Hammels.

Zusammenstellung

aller Versuchsergebnisse für 20 bis 25° und für 37 bis 38°, betreffend die Grenzwerte der Wirksamkeit des chlorsauren Kalis in bezug auf partielle Umwandlung in Methämoglobin.

Nr.	Blutart	bei 20 bis 25°	bei 37 bis 38°	Sperrflüssigkeit
1	Placentarblut, Mensch	unter 1 : 50 000 zwischen 1 : 2500 u. 1 : 5000	unter 1 : 125 000 unter 1 : 25 000	Aq. dest. physiol. Kochsalzlösung
2	CO-Blut einer Leiche	unter 1 : 100 000 über 1 : 8250		Aq. dest. physiol. Kochsalzlösung
3	Katzenblut	zwischen 1 : 10 000 u. 1 : 20 000 zwischen 1 : 1250 u. 1 : 2500	unter 1 : 250 000	Aq. dest. physiol. Kochsalzlösung
4	Hundeblut	unter 1 : 50 000 unter 1 : 5000	unter 1 : 50 000	Aq. dest. physiol. Kochsalzlösung
5	Rinderblut	unter 1 : 50 000 über 1 : 6250		Aq. dest. physiol. Kochsalzlösung
6	Schweineblut	zwischen 1 : 5000 u. 1 : 8333 unter 1 : 1666	unter 1 : 50 000 über 1 : 25 000	Aq. dest. physiol. Kochsalzlösung
7	Meerschweinchenblut	unter 1 : 10 000 zwischen 1 : 2500 u. 1 : 5000	unter 1 : 100 000 über 1 : 25 000	Aq. dest. physiol. Kochsalzlösung
8	Hammelblutkörperchen	unter 1 : 100 000 unter 1 : 100 000	nnter 1 : 250 000 unter 1 : 250 000	Aq. dest. physiol. Kochsalzlösung

Die in dieser Tabelle niedergelegten Zahlen zeigen, daß schon **recht geringe Mengen des chlorsauren Kalis imstande sind, merklich Methämoglobin zu bilden; besonders bei Körpertemperatur ist die Wirksamkeit eine geradezu erstaunliche**. Auch ist durch diese Versuche festgestellt, daß **das chlorsaure Kali auf gelöstes Blut natürlich wesentlich stärker einwirkt, als auf intakte Blutkörperchen, daß aber auch eine Methämoglobinbildung in unzerstörten Blutkörperchen vorkommt**.

Ich möchte an dieser Stelle anhangsweise noch einen Fall von Vergiftung mit unserem Salze erwähnen und schildern, der von Geheimrat Kobert während des Krieges beobachtet wurde. Ein Gymnasialoberlehrer in Wismar hatte bei einer Angina statt mit chlorsaurem Kali nur zu gurgeln, wie ihm angeraten worden war, binnen 2 Tagen auch reichliche Mengen der gesättigten Lösung wiederholt hintergeschluckt. Am Morgen des dritten Tages war ärztliche Hilfe nötig, denn der Harn hatte sich braun gefärbt und enthielt Methämoglobin. Da bald darauf auch Cyanose auftrat und Erbrechen sich einstellte, beschloß ein von dem mit Recht bedenklichen Hausarzt veranlaßtes Ärztekonzilium, einen Spezialisten aus Rostock zuzuziehen. Professor Kobert fuhr am folgenden, also am vierten Tage, ganz früh im Auto nach Wismar und traf den Patienten bei klarem Bewußtsein an. Er lag zu Bett, war mäßig cyanotisch, appetitlos, fieberfrei, hatte aber seit dem Abend vorher nur wenige Kubikzentimeter schwarzbraunen Harn entleert. Eine durch Nadelstich entleerte Blutprobe sah schwarzbraun aus und enthielt reichlich Methämoglobin. Die Blutkörperchen waren im Zerfall und sahen nicht mehr rein rot aus. Der Puls war mäßig verlangsamt und nicht sehr kräftig. Die Füße waren kalt.

Kobert riet die alkalische Kochsalztransfusion an, dadurch hergestellt, daß der physiologischen Kochsalzlösung aufs Liter je 5 g eines Gemisches von Natrium carbonicum und Natrium bicarbonicum āā zugesetzt wurden. Etwa $1^{3}/_{4}$ Liter dieser Flüssigkeit wurde körperwarm in die Vena mediana langsam eingeführt. Die erhoffte diuretische und belebende Wirkung trat aber leider nicht ein; es wurde gar kein Harn wieder entleert, und die Cyanose schwand nicht. Vielmehr nahm die Körperschwäche zu, die Temperatur wurde subnormal, der Puls wurde schwach, und das Bewußtsein trübte sich. Binnen wenigen Stunden erfolgte der Tod.

Die Sektion wurde nicht vorgenommen. Kobert hat früher in der Zeitschrift für Krankenpflege schon einmal einen in der Praxis von Hofrat Schroetter in Wien vorgekommenen Fall von letaler Vergiftung eines Schauspielers veröffentlicht, in dem das chlorsaure Kalium nicht einmal geschluckt, sondern nur ungeschickt zum Gurgeln benutzt worden war. Angesichts dieser beiden Fälle und meiner Versuchsergebnisse muß auch ich wie Kobert mich dahin aussprechen, daß das Kalium chloricum viel zu gefährlich ist, als daß es allgemein als Gurgelmittel oder als Mittel zum alltäglichen Zähneputzen anempfohlen werden könnte. Es kann in allen Fällen durch viel harmlosere Mittel ersetzt werden.

3. Die bisherige Literatur über das Mallebrein.

Mallebrein, nach seinem Erfinder Geheimrat Mallebrein so genannt, ist eine 25%ige Lösung von chlorsaurem Aluminium, $Al(CO_3)_3$. Die darüber bisher veröffentlichte Literatur sei wenigstens auszugsweise hier wiedergegeben.

In der Zeitschrift für Tuberkulose, Band XVIII, Heft 3, findet sich eine Abhandlung von Mallebrein und Wasmer, Problem einer für den Organismus unschädlichen Anwendung von Chlor als bakterizides und allgemein giftzerstörendes Agens, sowie dessen Bedeutung für die Prophylaxis und die Therapie der Tuberkulose und anderer Infektionskrankheiten. Es heißt da: Krönig und Paul[1]) geben an, daß dem Chlor eine ganz besondere Stellung zukomme und man annehmen müsse, daß die desinfizierende Wirkung des Chlors nicht nur durch Oxydationsvorgänge, sondern auch durch spezifische Eigenschaften bedingt sei. Sie fanden zugleich, daß die Desinfektionswirkung sich noch erheblich steigern lasse, wenn Chlor in statu nascendi wirkt.... Die Versuche wurden hauptsächlich mit Chlorhalogenverbindungen angestellt. So wurde Jodtrichlorid von v. Behring[2]) als ein sehr gutes bakterizides und zugleich als das beste allgemein antitoxische Agens erkannt. Es bot aber keine Handhabe, die Chlorabspaltung in den nötigen Schranken zu halten. ... Es hat sich nun herausgestellt, daß gewisse Chlorsauerstoffverbindungen zur Erreichung des Zieles bei weitem vorzuziehen sind, und zwar

1. weil die hier in Betracht kommenden Verbindungen teils wohl charakterisierte, beständige Salze bilden, aus denen die Abspaltung von Chlor sich genau begrenzen läßt;

2. weil die Entstehung schädlicher Neben- und Zwischenprodukte ausgeschlossen ist;

3. weil mit dem Zerfall der Chlorsauerstoffverbindung neben Chlor noch aktiver Sauerstoff entsteht, der selbst ein energisches Desinfektionsmittel ist, andererseits aber einem Verdünnungsmittel vergleichbar, eine zu einseitige und dadurch vielleicht zu schroffe Chlorwirkung verhütet.

Als die zweckmäßigste Chlorsauerstoffverbindung hat sich die Chlor-

---

[1]) Krönig und Paul, Über die chemischen Grundlagen der Lehre von der Giftwirkung und Desinfektion.

[2]) v. Behring, Infektion und Desinfektion. Arb. a. d. Kais. Gesundheitsamt 2, 466.

säure erwiesen; sie wird in Verbindung mit einem eiweißfällenden Metall zur Anwendung gebracht.

Bringt man ein solches Metallchlorat in wässeriger Lösung mit Eiweißkörpern in Berührung, so verbindet sich das Metall mit dem Eiweiß zu unlöslichem Metallalbuminat, das niederfällt, während **Chlorsäure frei wird**.... Je größer der Säureanteil ist, der ein bestimmtes Metallchlorat enthält, desto mehr wird davon auch abgeschieden, wenn das Metall mit Eiweiß ausgefällt wird. Um also recht viel Chlorsäure und damit eine intensive Desinfektionswirkung zu erzielen, wird man ein Metall wählen, das bei einer hohen Valenz und einem möglichst kleinen Atomgewicht eine möglichst große Menge des Säurerestes aufnehmen kann. Diese zwei Bedingungen erfüllt das Aluminium: es hat das sehr kleine Atomgewicht 27,1 und ist dreiwertig. Es verbindet sich also ein Atom Aluminium mit dem einwertigen Chlorsäurerest dreimal. Ein Atom Aluminium hält demnach 9 Atome Sauerstoff und 3 Atome Chlor fest gebunden.... Alle andern Metalle haben entweder ein höheres Verbindungsgewicht oder sie sind nur zwei- oder nur einwertig oder sie müssen wegen der Seltenheit ihres Vorkommens hier außer Betracht bleiben. ...

Von großer Bedeutung ist beim chlorsauren Aluminium seine Beständigkeit in wässeriger Lösung.... **Eine wässerige Lösung von chlorsaurem Aluminium hält sich daher auch unbegrenzt jahrelang ohne jede Veränderung**, im Gegensatz zu gewissen andern Aluminiumverbindungen, z. B. essigsaure Tonerde.... **Die freigewordene Chlorsäure dagegen zerfällt schon bei etwa 40° in Chlor und Sauerstoff.**"

Es wird dann weiter hervorgehoben, daß Lösungen von chlorsaurem Aluminium auch in starker Konzentration nur wenig ätzen und der Stoff eine außerordentliche Tiefenwirkung besitze, ohne das gesunde Gewebe stark zu reizen.

Von den **speziellen Indikationen** kann in dieser Zeitschrift nicht ausführlich geredet werden. Es genüge, sie angeführt zu haben, nämlich Wundtetanus, Ulcerationen, jauchige Trümmerhöhlen, Anginen, Pharyngitiden, Bronchitiden, Keuchhusten, Ozaena, Otitis media, schwere ruhrartige Darmkatarrhe, Tuberkulose der Lungen und des Kehlkopfes, akute Erkrankungen der Tonsillen bei Kindern. Die Veterinärliteratur weiß zu berichten, daß Gehirn- und Rückenmarksentzündung der Pferde, Bräune, Druse, Klauenseuche usw. mit Mallebrein erfolgreich behandelt sein sollen.

Aus diesem Überblick über die Indikationen des Mallebreins geht nach Meinung des Entdeckers hervor, daß es sich zweifellos um ein vortreffliches Heilmittel handelt. Daß die Wirkung desselben auf seinem Vermögen, besonders große Mengen Chlorsäure abzuspalten, beruht, wie Geheimrat Mallebrein annimmt, findet seine Bestätigung in der Analogie mit dem chlorsauren Kali, bei dem Marchand, Kobert, v. Mering u. a. auch der Chlorsäure die Hauptwirkung zusprechen.

Nun haben letztere aber nachgewiesen, daß die chlorsauren Salze durch ihre Fähigkeit, MetHb zu bilden, schwere toxische Schädigungen hervorrufen können, und meine Versuche lassen dies doch auch befürchten. Mallebrein will bei seinem Mittel jedoch keine solchen Schädigungen bisher beobachtet haben, wie er in einem Briefe an Geheimrat Kobert vom 28. November 1917 mitteilt. Und in seinem oben angeführten Aufsatz „Problem der Anwendung von Chlor usw." schreibt er: „Schädliche Wirkungen des chlorsauren Aluminiums konnten nach einer mehr als dreijährigen Erfahrung, obwohl das Augenmerk von jeher hierauf gerichtet war, niemals und nach keiner Richtung beobachtet werden, obwohl Personen mit empfindlichen Schleimhäuten, auch Kinder, das Mittel seit langer Zeit, viele seit mehreren Jahren, fast täglich prophylaktisch anwenden".

Um die Richtigkeit dieser Behauptung auch durch Versuche im Laboratorium zu prüfen, stellte ich die in den nachstehenden Kapiteln enthaltenen Versuche an.

4. Über die agglutinierende Wirkung der Aluminiumsalze überhaupt und über die des Mallebreins im besonderen.

Um das in diesem Kapitel Enthaltene verständlich zu machen, muß ich einiges über das Wesen der adstringierenden Wirkung und der Gerbmittel und über die Technik, derartige Mittel quantitativ zu bewerten, vorausschicken.

Die gewichtsanalytische technische Wertbestimmung der vegetabilischen Gerbstoffe beruht bekanntlich auf ihrer Adsorption durch Hautpulver. Durch dieses werden ihre wässerigen Lösungen teils filtriert (Filtermethode), teils werden sie damit geschüttelt (Schüttelmethode). Schließlich wird festgestellt, wieviel das Hautpulver an Gewicht zugenommen hat. Die dabei zu beobachtenden Einzelheiten des Verfahrens sind durch internationale Abmachung festgesetzt worden. Nun stimmen aber die beiden letztgenannten Methoden keineswegs untereinander überein; ferner geben auch nach derselben Methode Hautpulver verschiedener Fabriken keineswegs identische Zahlen. Dies ist auch gar nicht zu verwundern, denn Hautstücke verschiedener Körperstellen sind, wie jeder Mediziner weiß, ja ganz verschieden gebaut.

Wenn es nun richtig ist, daß beide Methoden nach Kobert[1])

---

[1]) R. Kobert, Über das Verhalten der Adstringentien zu roten Blutkörperchen. Rostock 1915, Warkentiens Verlag.

biologische sind, und daß im ersten Stadium es sich um eine Adsorption an die Oberfläche der Cutisfasern handelt, der im zweiten Stadium eine chemische Verbindung mit dem Zellprotoplasma folgt, so müßte sich eine ganz analoge Wertbestimmung ausarbeiten lassen, wenn statt toter, grober Klumpen von Cutisfasern irgendwelchen Tieres lebende Blutkörperchen einer bestimmten Tierart in stets gleicher Menge verwendet werden. Falls diese Blutkörperchenmethode ganz verschiedenen Gruppen gegenüber gleichmäßig reagiert, so dürfte sie sowohl zur vergleichenden Wertschätzung aller Adstringentien des Arzneischatzes, als aller Gerbmittel der Lederfabrikation verwendbar sein und vor der Hautmethode voraussichtlich drei Vorzüge haben, nämlich erstens den der größeren Sparsamkeit, da sie nur minimale Stoffmengen verbraucht, zweitens den der größeren Genauigkeit und drittens den der größeren Schnelligkeit der Ausführung. Größere Schnelligkeit der Ausführung ist deshalb zu erwarten, weil Flächenadsorption von der Oberfläche verdünnt suspendierter Blutkörperchen binnen weniger Sekunden in ihrer ganzen Stärke ausgeübt werden kann, während die Partikelchen des käuflichen Hautpulvers Tausende von Fasern einschließen, an die der Gerbstoff nur langsam und unvollkommen herankommt. Die durchaus gleichmäßige Größe und Zahl der Blutkörperchen und die leichte Berechenbarkeit ihrer Oberfläche muß selbstverständlich auch größere Genauigkeit der Bestimmung und namentlich auch eine Intensitätsmessung der adstringierenden Wirkung ermöglichen, während die Hautprobe nur die Menge, aber nicht die Wirkungsstärke des in der fraglichen Droge enthaltenen Gerbmittels uns angibt. Alles dies hat Kobert ausgeprüft. Gleichzeitig ist durch diese neue Methode die Prüfung einer Substanz auf adstringierende Wirkung in den Rahmen der im Reagensglas vor Schülern und im biologischen Praktikum rasch, leicht und sicher ausführbaren Versuche einbezogen worden, während bisher nur die Fällung einer Leimlösung und die Dunkelfärbung von sehr verdünnter Eisenchloridlösung vorgeführt zu werden pflegten. In der Tat haben Koberts sich nun bereits auf einen Zeitraum von über 5 Jahren erstreckenden Versuche mit sämtlichen im Handel befindlichen vegetabilischen und mineralischen Adstringentien des Arzneischatzes ergeben, daß die Blutkörperchenmethode eine Bereicherung der Pharmakologie ist. Dr. Wasicky[1]) in Wien hat die Methode nachgeprüft und ihre Brauchbarkeit bestätigt. Alle Versuche wurden in gleichkalibrigen Reagensgläschen, von denen immer sieben zu einer Versuchsreihe gehörten, angestellt. Jedes Gläschen enthielt für gewöhnlich 5 ccm Flüssigkeit. Diese bestand, abgesehen von dem noch zu besprechenden Zusatz von Blut bzw. Blutkörperchen, in Glas I immer nur aus physiologischer ($0{,}9\,^0/_0$iger) Kochsalzlösung bzw. bei Blei-, Silber- und kolloiden Metallen aus $4\,^0/_0$iger Traubenzuckerlösung. Dieses Glas diente nämlich als Kontrolle für die Brauchbarkeit des Blutes bzw. der Blutkörperchen. Glas II enthielt bei Untersuchung noch unbekannter Drogen meist 5 ccm des im letzten Augenblick isotonisch gemachten Dekoktes. Glas III enthielt 4 ccm desselben Dekoktes, Glas IV 3 ccm, Glas V 2 ccm, Glas VI 1 ccm und Glas VII 0,5 ccm Dekokt. Dann wurden alle Gläschen bis auf 5 ccm mit derselben isotonischen Flüssigkeit, die in Glas I war, aufgefüllt und nun erst mit Blutkörperchen bzw. Blut versetzt. Die Frage, ob Gerbmittel empfindlicher mit Blut oder mit serumfreien Blutkörperchen reagieren werden, konnte a priori dahin beantwortet werden, daß das Serum wohl meist hinderlich sein werde, da es ja wie alle Eiweißlösungen einen Teil der adstringierenden Substanz an sich reissen und dadurch die Niederschlagbildung auf den roten Blutkörperchen abschwächen muß. In der Tat ergab sich fast durchgängig, daß **vom Serum mittels elektrischer Zentrifuge abzentrifugierte und dann noch zweimal je einige Minuten mit der dem Serum gleichen Menge von $0{,}9\,^0/_0$iger Kochsalzlösung gewaschene Blutkörperchen für den Nachweis kleiner Dosen unserer Mittel viel geeigneter sind als noch in Serum suspendierte. Für den Nachweis großer Dosen ist dagegen die Anwesenheit des Serums ohne Schaden; im Gegenteil, es vermehrt wesentlich das Volumen des sich bildenden Niederschlages. Für qualitative Versuche ist es demgemäß beizubehalten, für quanti-**

---

[1]) R. Wasicky, Collegium vom 1. Dezember 1917, Nr. 572, S. 397.

tative aber zu entfernen. Ich habe daher, wie Kobert, bei meiner Substanz mindestens eine Blutkörperchenart und mindestens eine Blutart, letztere natürlich stets defibriniert, angewandt. Da die einzelnen Blut- und Blutkörperchenarten keineswegs alle gleich stark von den Adstringentien beeinflußt wurden, mußte eine bestimmte Blutkörperchenart als ausschlaggebend für die durch Zahlenwerte auszudrückenden vergleichenden Versuche ausgewählt werden. Kobert hat dazu die Körperchen des Hammelblutes gewählt, obwohl sie von allen Blutkörperchenarten fast die unempfindlichsten sind.

Nachdem zu dem 5 ccm betragenden Inhalte der Gläschen je 1 Tropfen Hammelblutkörperchen oder 2 Tropfen Blut z. B. des Menschen zugesetzt war, wurde jedes Gläschen einmal sanft geschüttelt, um die Blutkörperchen ganz gleichmäßig in der Flüssigkeit zu verteilen und dann die Gläschen bei kühler Stubentemperatur unberührt stehen gelassen und nur von Zeit zu Zeit angesehen. Bei Gläschen II erfolgte in sehr vielen Fällen schon nach wenigen Minuten eine Zusammenballung der Blutkörperchen, da das sich auf ihnen sofort reichlich niederschlagende Adstringens sie entweder locker ausflockt oder zu festen, am Glase unten festklebenden roten Siegellack ähnlichen Massen agglutiniert. In beiden Fällen wird die Flüssigkeit oben rasch klar und unten bildet sich ein roter Bodensatz, während im Kontrollglas noch keine Spur von Veränderung zu merken ist, sondern alle Blutkörperchen noch gleichmäßig in der ganzen Flüssigkeit suspendiert sind. In Gläschen III erfolgte die Zusammenballung der Körperchen meist später als in Nr. II, etwa nach $1/2$ bis 1 Stunde, und in Nr. VI erst bis zum andern Tage vollständig, während Nr. VII auch dann keine oder nur ganz geringe Veränderungen zeigte. In solchen Fällen mußte also etwa bei VI die unterste Grenze der Wirksamkeit des betreffenden Gerbmittels liegen. Genauere Untersuchung von Hunderten solcher Reihen ergab nun, daß diese unterste Grenze der Wirksamkeit prinzipiell auf mehrere Weisen gesucht werden kann. Die einfachste Methode ist die, durch ein trocknes Filter zu gießen. Erhält man ein farbloses hämoglobinfreies Filtrat, so ist die Agglutination eine vollständige. Gibt das Filtrat dann noch die Reaktionen des zugesetzten Adstringens, so muß der Versuch mit einer kleineren Dose wiederholt werden. Die kleinste Dose, bei der wasserklares Filtrat eben noch erzielt wird, ist die „Filtergrenze". Es gibt dann meist noch eine etwas kleinere Dose, „bei der zwar fürs Auge völlige Agglutination der Blutkörperchen erzielt wird, bei der die Filtration aber kein wasserklares Filtrat mehr ergibt". Kobert nennt dies die „Augengrenze".

Die Filtergrenze liegt nach Koberts Versuchen für Hammelblutkörperchen

für Alaun . . . . bei 1 : 25000, berechnet auf Al_2O_3
„ Aluminiumsulfat . „ 1 : 100000, „ „ „
„ Chromalaun . . . . „ 1 : 166667, „ „ „
„ Liqu. Alum. acet. . „ 1 : 200000, „ „ „

Für Mallebrein habe ich eigene Versuche angestellt. Das Mittel wurde dazu durch Zusatz von Natronlauge fast neutralisiert und sodann mittels physiologischer Kochsalzlösung sehr stark verdünnt. Mehrere Versuche verliefen ganz gleichartig.

Ich begnüge mich, einen solchen hier mitzuteilen: Glas I Kontrolle mit 1 Tropfen Hammelblutkörperchen.

Glas II. Bei 0,1 mg Aluminiumchlorat in 5 ccm Flüssigkeit, also bei 1:50000 erfolgte binnen 15 Minuten völlige Agglutination und wasserklares Filtrat.

Glas III. Bei 0,08 mg desselben Salzes, also bei 1 : 62500 nach 30 Minuten völlige Agglutination und klares Filtrat.

Glas IV. Bei 0,06 mg desselben Salzes, also bei 1 : 83333 nach 45 Minuten völlige Agglutination und klares Filtrat.

Glas V. Bei 0,04 mg desselben Salzes, also bei 1 : 125000 erfolgte binnen 2 Stunden völlige Agglutination und klares Filtrat.

Glas VI. Bei 0,03 mg desselben Salzes, also bei 1 : 166667 erhielt ich nach 14 Stunden klares Filtrat. Bei sechsmaliger Wiederholung des Versuches war das Filtrat allerdings dreimal nicht ganz klar.

Glas VII. Bei 0,02 mg desselben Salzes, also bei 1 : 250000 ließ sich selbst nach 24 Stunden kein wasserklares Filtrat erzielen; wohl aber war fürs Auge völlige Agglutination eingetreten.

Ergebnis: Für wasserfrei gerechnetes chlorsaures Aluminium liegt die Filtergrenze bei **1 : 125000** bis **1 : 166667** und die Augengrenze bei 1 : 250000, falls gewaschene Hammelblutkörperchen als Testobjekt genommen werden. Die Wirkung ist also etwas schwächer als die der essigsauren Tonerde. Daß bei derselben Verdünnung unser Mittel auch bei Angina und Halsentzündung adstringierend und schwellungwidrig zu wirken imstande ist, dürfte kaum einem Zweifel unterliegen. Mein Versuch ist der einzige überhaupt bis jetzt publizierte, der über die dem Aluminiumion unseres Salzes zukommende Wirkung ein Urteil gestattet. Wir wollen nun sehen, uns auch über das Chlorsäureion ein eigenes Urteil zu verschaffen.

5. Über die Wirkung des chlorsauren Aluminiums in Form des Mallebreins auf Blut.

Die Technik für diese Versuche war dieselbe wie für die beim chlorsauren Kalium. Ich ordne sie wie dort nach den einzelnen Blutarten. Die Dosen sind auf wasserfreies Salz berechnet.

a) Versuche mit Schweineblut.

Versuch 1. Glas I. 5 ccm Aqua dest. enth. nur 2 Tropfen Blut.

Glas II. 5 ccm enth. außerdem 0,4 mg Salz; nach 24 Stunden bei 37^0 ist die Hauptmenge des Blutfarbstoffes aus der Lösung in destilliertes Wasser als Hämatin ausgefallen; nur ein wenig Farbstoff ist noch als MetHb in Lösung; unverändertes O_2Hb ist überhaupt nicht mehr vorhanden.

Glas III enth. 0,3 mg Salz; nach 24 Stunden bei 37^0 Befund ganz analog wie bei II, nur der Bodensatz etwas geringer.

Glas IV enth. 0,2 mg Salz; nach 24 Stunden bei 37^0 klare braune Lösung, die lediglich MetHb enthält. O_2Hb nicht vorhanden.

Glas V enth. 0,1 mg Salz; nach 24 Stunden bei 37^0 klare braune Lösung, die wie bei IV nur MetHb enthält. O_2Hb nicht vorhanden.

Ergebnis: Bei 0,4 bis 0,3 mg Salz wirkt Mallebrein auf in destilliertem Wasser gelöstes Schweineblut bei 37^0 binnen 24 Stunden stark hämatinbildend. Bei 0,2 bis 0,1 mg, also bei 2 bis 1:50000 erfolgt quantitative Umwandlung in MetHb. Ob diese auch noch bei kleineren Dosen erfolgt, soll der folgende Versuch zeigen.

Versuch 2. 37^0 in Aqua dest. gelöstes Schweineblut. In jedem Gläschen 10 ccm Flüssigkeit + 4 Tropfen Blut.

Glas I. 10 ccm enth. nur 4 Tropfen Blut. Nach 24 Stunden nur O_2Hb vorhanden.

Glas II. 10 ccm enth. 0,09 mg Salz; nach 24 Stunden nur MetHb vorhanden in Form einer braunen Lösung.

Glas III. 10 ccm enth. 0,08 mg Salz; nach 24 Stunden wie bei II.

Glas IV. 10 ccm enth. 0,06 mg; nach 24 Stunden wie bei II.

Glas V. 10 ccm enth. 0,05 mg; nach 24 Stunden in der braunen Lösung neben MetHb auch O_2Hb.

Glas VI. 10 ccm enth. 0,03 mg; nach 24 Stunden in der rotbraunen Lösung neben MetHb reichlich O_2Hb.

Glas VII. 10 ccm enth. 0.02 mg; nach 24 Stunden in der roten Lösung nur O_2Hb.

Ergebnis: Bei 37^0 geht das in Aqua dest. gelöste Schweineblut binnen 24 Stunden unter Einwirkung des Mallebreins noch bei 0,06 mg : 5 ccm, d. h. bei **1 : 83333** quantitativ in MetHb über; partiell erfolgt diese Umwandlung noch bei 0,03 mg : 5 ccm, d. h. bei 1 : 333 333.

Versuch 3. Schweineblut bei 37^0 in Aqua dest. gelöst; nach 24 Stunden abgelesen.

Glas I. 5 ccm Aqua dest. enth. nur 2 Tropfen Blut; nach 24 Stunden unverändert.

Glas II. 5 ccm enth. 0,5 mg Salz; nach 24 Stunden quantitativ als Hämatin ausgefällt.

Glas III. 5 ccm enth. 0,4 mg Salz; nach 24 Stunden die Hauptmenge des Blutfarbstoffes als Hämatin am Boden liegend; der Rest als MetHb in Lösung.

Glas IV. 5 ccm enth. 0,3 mg Salz; nach 24 Stunden etwa die Hälfte des Blutfarbstoffes als Hämatin am Boden liegend und die andere Hälfte als MetHb in Lösung.

Glas V. 5 ccm enth. 0,2 mg Salz; nach 24 Stunden gar kein Hämatin, wohl aber aller Blutfarbstoff in MetHb umgewandelt, das eine sepiafarbige Lösung bildet.

Glas VI. 5 ccm enth. 0,1 mg Salz; nach 24 Stunden nur MetHb vorhanden.

Ergebnis: Bei 37^0 geht das in Aqua dest. gelöste Schweineblut bei 0,5 mg : 5 ccm = 1 : 10000 quantitativ in Hämatin über, bei 0,3 mg, d. h. bei 1 : 16 667 noch zum Teil in Hämatin über. Die MetHb-Bildung reicht bis **1 : 50 000.** Ob sie noch bei kleineren Dosen erfolgt, ist noch zu untersuchen.

Versuch 4. Schweineblut, bei 37^0 in Aqua dest. gelöst, nach 24 Stunden abgelesen. In jedem Glas 10 ccm.

Glas I. 10 ccm enth. nur 4 Tropfen Blut. Nach 24 Stunden nur O_2Hb vorhanden.

Glas II. 10 ccm enth. 0,09 mg Salz. Nach 24 Stunden partielle MetHb-Bildung.

Glas III. 10 ccm enth. 0,08 mg Salz. Nach 24 Stunden nur O_2Hb vorhanden.

Ergebnis: Bei 37^0 geht das in Aqua dest. gelöste Schweineblut durch Mallebrein bei 0,09 mg Salz : 10000, d. h.

bei 1:111111 noch partiell in MetHb über, bei kleineren Dosen aber nicht mehr.

Versuch 5. Schweineblut, bei 25⁰ in physiol. Kochsalzlösung suspendiert. Nach 24 Stunden abgelesen.

Glas I. 5 ccm ClNa enth. 2 Tropfen Blut; nach 18 Stunden weder Hämolyse noch Umwandlung des O_2Hb.

Glas II. 5 ccm enth. 0,4 mg Salz; nach 18 Stunden aller Blutfarbstoff in Hämatin umgewandelt und zum Teil gebleicht.

Glas III. 5 ccm enth. 0,3 mg Salz; nach 18 Stunden fast aller Blutfarbstoff in Hämatin umgewandelt und zum Teil gebleicht.

Glas IV. 5 ccm enth. 0,2 mg Salz; nach 18 Stunden neben wenig Hämatin viel MetHb.

Glas V. 5 ccm enth. 0,1 mg Salz; nach 18 Stunden neben MetHb etwas O_2Hb in den nicht gelösten Blutkörperchen.

Glas VI. 5 ccm enth. 0,08 mg Salz; nach 18 Stunden nur O_2Hb.

Ergebnis: Bei 25⁰ geht das in physiol. Kochsalzlösung suspendierte Schweineblut binnen 24 Stunden bei 0,3 mg : 5 ccm = 1:16667 quantitativ in Hämatin über; bei 0,2 mg : 5 ccm = **1:25000** wird neben sehr wenig Hämatin viel MetHb gebildet und bei 1:50000 geht nur ein Teil des O_2Hb in MetHb über, der andere bleibt intakt.

Versuch 6. Schweineblut, bei 37⁰ für 18 Stunden in physiol. Kochsalzlösung suspendiert gehalten.

Glas I. 5 ccm ClNa, enth. 2 Tropfen Blut; nach 18 Stunden noch normal.

Glas II. 5 ccm enth. 0,4 mg Salz; nach 18 Stunden aller Blutfarbstoff in Hämatin umgewandelt, also bei 1 : 12500.

Glas III. 5 ccm enth. 0,3 mg Salz; nach 18 Stunden ein Gemisch von Hämatin und MetHb vorhanden.

Glas IV. 5 ccm enth. 0,2 mg Salz; nach 18 Stunden in den intakten Blutkörperchen nur MetHb vorhanden, also bei 1 : 25000.

Glas V. 5 ccm enth. 0,1 mg Salz; nach 18 Stunden ein Gemisch von MetHb und O_2Hb vorhanden.

Ergebnis: Bei 37⁰ bewirkte das Mallebreïn bei einer Konzentration des Salzes von **1:25000** binnen 18 Stunden völlige Umwandlung in MetHb, bei 1:50000 noch partielle, falls Schweineblut in physiol. Kochsalzlösung suspendiert, zum Versuche verwendet wurde. Bei 1:12500 ging die Umwandlung sogar bis zu Hämatin.

Alle Versuche zeigen, daß das Handelspräparat des Mallebreins auf das Blut des Schweines stärker schädigend einwirkt als das Kalium chloricum.

b) Versuche mit Hundeblut.

Versuch 1. Hundeblut, bei 15° für 18 Stunden in physiol. Kochsalzlösung suspendiert, der Wirkung des Mallebreins ausgesetzt.

Glas I. Kontrolle.

Glas II.	5 ccm enth. 0,4 mg Salz	Nach 18 Stunden nirgends Hämatin oder auch nur MetHb vorhanden. Wohl aber sind in allen Gläschen alle roten Blutkörperchen wie in Kap. 4 besprochenen Versuchen völlig
„ III.	5 „ „ 0,3 „ „	
„ IV.	5 „ „ 0,2 „ „	
„ V.	5 „ „ 0,1 „ „	
„ VI.	5 „ „ 0,08 „ „	

agglutiniert, d. h. zu hellroten, siegellackartigen Massen zusammengebacken, die nach Abgießen der darüber stehenden Flüssigkeit sich in destilliertes Wasser zu O_2Hb lösen.

Ergebnis: Bei Stubentemperatur wirkt das Mallebrein bei 1:12500 bis 1:62500 binnen 18 Stunden überhaupt nicht zersetzend, wohl aber völlig agglutinierend ein. Kleinere Dosen, über die ich das Protokoll weglasse, wirkten nicht mehr.

Versuch 2. Hundeblut, bei 25° für 24 Stunden in physiol. Kochsalzlösung suspendiert, der Wirkung des Mallebreins ausgesetzt.

Glas I. Kontrolle, nach 24 Stunden noch unverändert.

Glas II.	5 ccm enth. 0,4 mg Salz	Nach 24 Stunden nirgends Hämolyse. Bei II im Bodensatz viel Hämatin neben etwas MetHb. Bei III gleichviel Hämatin und MetHb. Bei IV nur MetHb. Bei V neben MetHb auch O_2Hb. Bei VI etwas MetHb. VII intakt.
„ III.	5 „ „ 0,3 „ „	
„ IV.	5 „ „ 0,2 „ „	
„ V.	5 „ „ 0,1 „ „	
„ VI.	5 „ „ 0,05 „ „	
„ VII.	5 „ „ 0,04 „ „	

Ergebnis: Bei 25° bewirkte das Mallebrein in einer Suspension von Hundeblut in physiol. Kochsalzlösung bei **1:25000** völlige MetHb-Bildung in den unzerstörten Blutkörperchen. Bei stärkerer Konzentration daneben Hämatinbildung. Teilweise MetHb-Bildung reicht bis zu 1:100000.

Versuch 3. Hundeblut, in destilliertem Wasser gelöst, bei 25° für 24 Stunden der Wirkung des Mallebreins ausgesetzt.

Glas I. Kontrolle, nach 24 Stunden unverändert.

Glas II bis Glas VII. Dieselben Dosen wie in Versuch 2. Nach 24 Stunden in Glas II starker brauner Bodensatz; darüber gelöstes MetHb; der Bodensatz ist Hämatin. In Glas III qualitativ der Befund derselbe, nur ist viel weniger Hämatin vorhanden. In Glas IV kein Bodensatz; in der Lösung nur MetHb, ebenso in Glas V. In Glas VI neben MetHb auch O_2Hb vorhanden, Glas VII fast normal.

Ergebnis: Bei 37° wandelt das Mallebrein das in destilliertem Wasser gelöste Hundeblut binnen 24 Stunden noch bei

0,1 mg : 5 ccm, d. h. bei **1 : 50000** vollständig in MetHb um; bei stärkeren Dosen als 0,2 mg erfolgt gleichzeitig Hämatinbildung.

Versuch 4. Ganz analoger Versuch, nur beträgt die Temperatur 20 bis 25°. Nach 24 Stunden finden sich in Glas II bis V die gleichen Veränderungen wie in Versuch 3. In Glas VI und VII sind die Veränderungen weniger ausgesprochen.

Ergebnis: Bei 20 bis 25° wandelt das Mallebrein das in destilliertem Wasser gelöste Hundeblut binnen 24 Stunden noch bei 0,1 mg : 5 ccm, d. h. bei **1 : 50000** vollständig in MetHb um; bei stärkeren Dosen als 0,2 mg erfolgt gleichzeitig Hämatinbildung.

Versuch 5. Dieselben Dosen wie in Versuch 2 bis 4; das Blut ist nicht in destilliertem Wasser gelöst, sondern in physiol. Kochsalzlösung suspendiert. Die Temperatur beträgt 37°, die Versuchsdauer 21 Stunden. Nach dieser Zeit nirgends Hämolyse. Der Bodensatz besteht bei II nur aus Hämatin, bei III aus einem tiefschwarzbraunen Gemisch von Hämatin und MetHb, bei IV nur aus MetHb, bei V aus einem Gemisch von MetHb mit wenig O_2Hb, bei VI aus einem Gemisch von wenig MetHb und viel O_2Hb. Glas I und VII sind normal.

Ergebnis: Bei 37° wandelt das Mallebrein in physiol. Kochsalzlösung suspendiertes Hundeblut binnen 21 Stunden noch bei 1 : 16667 ohne Hämolyse in ein Gemisch von Hämatin und MetHb um; bei 1 : 12500 wird aller Blutfarbstoff in Hämatin umgewandelt; bei **1 : 25000** findet völlige MetHb-Bildung statt, bei 1 : 100000 noch partielle.

Man ersieht aus dem Vorstehenden, daß die Einwirkung des Mallebreins auf Hundeblut hinter der auf Schweineblut nicht zurücksteht.

c) Versuche mit Menschenblut.

Alles Blut zu den nachstehenden Versuchen entstammte der Placenta und war frisch; es wurde in defibriniertem Zustande wie alle Blutarten verwendet. Fast zu jedem Versuch kam das Blut einer andern Placenta zur Verwendung.

Versuch 1. Menschenblut im destilliertem Wasser gelöst bei 37° für 21 Stunden der Wirkung des Mallebreins ausgesetzt.

Glas I. 5 ccm enth. nur 2 Tropfen Blut; nach 21 Stunden nur O_2Hb.
Glas II. 5 ccm enth. 0,5 mg Salz ⎫ Früh überall das Hb völlig verschwun-
„ III. 5 „ „ 0,4 „ „ ⎪ den; die Farbe ist tiefbraun. In allen
„ IV. 5 „ „ 0,3 „ „ ⎬ Gläschen neben dem gelösten MetHb
„ V. 5 „ „ 0,2 „ „ ⎪ im Bodensatz Hämatin nachweisbar;
„ VI. 5 „ „ 0,1 „ „ ⎭ nur in Glas II lediglich Hämatin.
„ VII. 5 „ „ nur 2 Tropfen Blut; nach 21 Stunden nur O_2Hb.

Ergebnis: Mallebrein macht bei 37° binnen 21 Stunden aus gelöstem Menschenblut bei 0,5 mg : 5 ccm, d. h. bei 1 : 10000 quantitativ Hämatin und noch bei 0,1 mg : 5 ccm, d. h. bei 1 : 50000 ein Gemisch von Hämatin und MetHb. Die unterste Grenze für die MetHb-Bildung muß also noch tiefer liegen.

Versuch 2. Anordnung wie bei Versuch 1, nur die Dosen geringer.
Glas I. Kontrolle.
Glas II. 5 ccm enth. 0,1 mg Salz; nach 21 Stunden ein Gemisch von MetHb und Hämatin.
Glas III. 5 ccm enth. 0,08 mg Salz; nach 21 Stunden lediglich MetHb vorhanden.
Glas IV. 5 ccm enth. 0,06 mg Salz; nach 21 Stunden neben MetHb noch eine Spur O_2Hb vorhanden.

Ergebnis: Mallebreïn wandelt bei 37° binnen 21 Stunden gelöstes Menschenblut bei 0,08 mg : 5 ccm, d. h. bei **1 : 62500** quantitativ in MetHb um; kleinere Dosen tun dies nur partiell.

Versuch 3. Menschenblut, bei 15° in physiol. Kochsalzlösung suspendiert, für 21 Stunden der Wirkung von Mallebreïn ausgesetzt.
Glas I und VII dienen als Kontrollen.
Glas II. 5 ccm enth. 0,4 mg Salz; partielle MetHb-Bildung in den nicht gelösten Blutkörperchen, die völlig agglutiniert sind.
Glas III. 5 ccm enth. 0,3 mg Salz; völlige Agglutination, aber kein MetHb. Filtrat wasserklar.
Glas IV. 5 ccm enth. 0,2 mg Salz; wie bei III.
„ V. 5 „ „ 0,1 „ „ „ „ III.
„ VI. 5 „ „ 0,08 „ „ ; dem Auge nach völlige Agglutination, aber kein klares Filtrat; kein MetHb.

Ergebnis: In physiol. Kochsalzlösung suspendiertes Menschenblut wird bei 15° durch Mallebrein binnen 21 Stunden bei 0,4 mg : 5 ccm, d. h. bei 1 : 12500, berechnet auf Salz, teilweise in MetHb umgewandelt. Kleinere Dosen wirken nur agglutinierend. Filtergrenze bei 0,1 mg : 5 ccm = 1 : 50000, Augengrenze bei 1 : 62500.

Versuch 4. Anordnung geradeso wie bei Versuch 3, nur die Dosen größer.
Glas I und V Kontrollen.
Glas II. 5 ccm enth. 1 mg Salz; sofortige Agglutination; nach 21 Stunden völlige MetHb-Bildung.
Glas III. 5 ccm enth. 0,8 mg Salz; nach 21 Stunden völlige MetHb-Bildung.
Glas IV. 5 ccm enth. 0,06 mg Salz; nach 21 Stunden fast völlige MetHb-Bildung.

Ergebnis: In physiol. Kochsalzlösung suspendiertes Menschenblut wird bei 15° durch Mallebrein binnen 21 Stunden bei 0,8 mg : 5 ccm, d. h. bei **1 : 6250** binnen 21 Stunden in den nicht gelösten, wohl aber agglutinierten Blutkörperchen vollständig in MetHb umgewandelt.

Versuch 5. In physiol. Kochsalzlösung suspendiertes Menschenblut wird bei 25° binnen 23 Stunden der Einwirkung von Mallebrein ausgesetzt.

Glas I Kontrolle.

Glas II. 5 ccm enth. 0,4 mg Salz; alles Hb in Hämatin umgewandelt und etwas gebleicht.

Glas III. 5 ccm enth. 0,3 mg Salz; alles Hb in Hämatin umgewandelt und etwas gebleicht, aber weniger als II.

Glas IV. 5 ccm enth. 0,2 mg Salz; der braune Bodensatz ist ein Gemisch von Hämatin und MetHb.

Glas V. 5 ccm enth. 0,1 mg Salz; Bodensatz enthält MetHb und O_2Hb.

Glas VI. 5 ccm enth. 0,08 mg Salz; wie bei V.

„ VII. 5 „ „ 0,06 „ „ ; wie bei V, nur viel weniger MetHb.

Ergebnis: In physiol. Kochsalzlösung suspendiertes Menschenblut wird bei 25° durch Mallebrein binnen 21 Stunden noch bei 0,3 mg : 5 ccm, d. h. bei 1 : 16 667 völlig in Hämatin umgewandelt und etwas gebleicht. Bei 0,2 mg : 5 ccm, d. h. bei **1 : 25 000** wird das Blut völlig zu MetHb. Partielle MetHb-Bildung ist noch bei 0,06 mg : 5 ccm, d. h. bei 1 : 83 333 deutlich wahrnehmbar.

Versuch 6. Wiederholung des vorigen Versuches unter ganz gleichen Bedingungen.

Ergebnis: In physiol. Kochsalzlösung suspendiertes Menschenblut einer andern Placenta wird bei 25° durch Mallebrein binnen 21 Stunden bei 0,3 mg : 5 ccm, d. h. bei 1 : 16 667 völlig in Hämatin umgewandelt und etwas gebleicht. Bei 0,4 mg ist diese Bleichung noch deutlicher wahrnehmbar. Bei 0,2 mg ergab sich in diesem Versuche fast nur Hämatin. In Glas V bis VII wie bei Versuch 5.

Versuch 7. In physiol. Kochsalzlösung suspendiertes Menschenblut einer Placenta wird bei 37° 24 Stunden lang der Einwirkung von Mallebrein ausgesetzt.

Glas I und VII. Kontrollen, die nach 24 Stunden noch normal sind.

Glas II. 10 ccm enth. 0,12 mg Salz; völlige MetHb-Bildung in den ungelösten Blutkörperchen.

Glas III. 10 ccm enth. 0,09 mg Salz ⎫ In den ungelösten Blutkörper-
„ IV. 10 „ „ 0,08 „ „ ⎭ chen neben MetHb auch O$_2$Hb.
„ V. 10 „ „ 0,07 „ „ ⎫ Keine MetHb-Bildung erfolgt.
„ VI. 10 „ „ 0,06 „ „ ⎭

Ergebnis: Bei 37° wird in physiol. Kochsalzlösung suspendiertes Menschenblut durch Mallebrein binnen 24 Stunden noch bei **1:41500** völlig in MetHb umgewandelt. Partielle Umwandlung erfolgt noch bei 1:62500.

d) Versuch mit Rinderblut.

Versuch 1. Rinderblut, in physiol. Kochsalzlösung suspendiert, wird bei 20° für 16 Stunden der Einwirkung von Mallebrein ausgesetzt.

Glas I Kontrolle, nach 16 Stunden unverändert.

Glas II. 5 ccm enth. 0,4 mg Salz ⎫ nirgends Hämolyse; d. schwarzbraune
„ III. 5 „ „ 0,3 „ „ ⎬ Bodensatz besteht aus in die Blut-
„ IV. 5 „ „ 0,2 „ „ ⎭ körperchen eingeschlossenem MetHb.
„ V. 5 „ „ 0,1 „ „ ; Spuren von MetHb.
„ VI. 5 „ „ 0,08 „ „ ; nur O$_2$Hb.
„ VII. Zweite Kontrolle, verhält sich wie die erste.

Ergebnis: Mallebrein wandelt binnen 16 Stunden in physiologischer Kochsalzlösung suspendiertes Rinderblut bei 20° noch bei 0,2 mg : 5 ccm, d. h. bei **1:25000** völlig in MetHb um, ohne jedoch die Blutkörperchen dabei zu lösen. Bei 1:50000 erfolgt noch teilweise Umwandlung in MetHb.

Versuch 2. Analoger Versuch bei 15°.

Ergebnis: Mallebrein wandelt binnen 24 Stunden in physiologischer Kochsalzlösung suspendiertes Rinderblut bei 15° nur bei mindestens **1:2500** völlig in MetHb und zwar ohne Lösung der Blutkörperchen um. Bei 1:10000 erfolgt noch teilweise Umwandlung in MetHb. Bei viel stärkerer Konzentration, nämlich bei 1:1250 erfolgt Umwandlung in Hämatin. Für Agglutination ist 1:12000 noch nicht die unterste Grenze.

Versuch 3. Rinderblut, in destilliertem Wasser gelöst, Temperatur 37°, Versuchsdauer 21 Stunden.

Ergebnis: Mallebrein wandelt gelöstes Rinderblut noch bei **1:41500** völlig in MetHb um.

e) Versuche mit Rinderblutkörperchen.

Versuch 1. Die Lösung der Körperchen in destilliertem Wasser wird für 24 Stunden der Wirkung von Mallebrein bei 25° ausgesetzt.

Glas I Kontrolle, bleibt unverändert.

Glas II. 5 ccm enth. 0,5 mg Salz; völliger Übergang in Hämatin.
" II. 5 " " 0,4 " " ⎫ in allen 3 Gläschen Hämatin u. MetHb
" III. 5 " " 0,3 " " ⎬ und zwar bei II mehr Hämatin und
" IV. 5 " " 0,2 " " ⎭ bei IV mehr MetHb.
" V.   5 " " 0,1 " " ; nur MetHb vorhanden.
" VI. 5 " " 0,08 " " ; Gemisch von MetHb mit etwas O₂Hb.
" VII. 5 " " 0,06 " " ; " " " " viel "

Ergebnis: In destilliertem Wasser gelöste Rinderblutkörperchen werden bei 20^0 von Mallebrein binnen 24 Stunden bei 0,5 mg : 5 ccm, d. h. bei 1 : 10000 völlig in Hämatin, bei 0,1 mg : 5 ccm, d. h. bei **1 : 50000** völlig in MetHb und bei 1 : 83333 noch teilweise in MetHb umgewandelt.

Versuch 2. Neben einigen Kontrollen werden teils in physiol. Kochsalzlösung suspendierte, teils in Aqua dest. gelöste Rinderblutkörperchen bei 25^0 für 24 Stunden der Wirkung von Mallebrein in Mengen von 0,2 mg und 0,1 mg : 5 ccm Flüssigkeit ausgesetzt.

Ergebnis: Grenze der völligen Umwandlung der in physiologischer Kochsalzlösung suspendierten Rinderblutkörperchen in MetHb bis 25^0 bei 0,2 mg : 5 ccm, d. h. bei **1 : 25000**; für die Lösung der Körperchen in Wasser liegt diese Grenze bei **1 : 50000**, also wie bei 20^0. Für die Suspension erfolgt noch bei 1 : 50000 völlige Agglutination mit farblosem Filtrat.

Versuch 3. Lösung in destilliertem Wasser, Temperatur 37^0, Versuchsdauer 24 Stunden.

Ergebnis: Noch bei **1 : 100000** völlige Umwandlung in MetHb.

f) Versuche mit Hammelblutkörperchen.

Versuch 1. In physiol. Kochsalzlösung suspendierte Körperchen werden bei 15^0 für 21 Stunden der Wirkung von Mallebrein ausgesetzt.

Ergebnis: Grenze der völligen Umwandlung von in Kochsalzlösung suspendierten Blutkörperchen des Hammels durch Mallebrein bei 15^0 in MetHb liegt bei 0,2 mg : 5 ccm, d. h. bei **1 : 25000**; teilweise erfolgt diese Umwandlung noch bei 0,08 mg : 5 ccm, d. h. bei 1 : 63333. Völlige Agglutination erfolgt noch bei 0,04 mg : 5 ccm, d. h. bei 1 : 125000.

Versuch 2. In destilliertem Wasser gelöste Hammelblutkörperchen werden bei 15^0 der Wirkung des Mallebreins für 24 Stunden ausgesetzt.

Ergebnis: Grenze der völligen Umwandlung des gelösten Farbstoffes der Hammelblutkörperchen in Hämatin durch Mallebrein bei 15^0 liegt bei 1 : 10000; die Grenze der völligen Um wandlung in MetHb bei **1:25000**. Partielle MetHb-Bildung ist noch bei 1:200000 nachweisbar.

Versuch 3. Analoge Versuchsanordnung wie in Versuch 1, nur bei 20⁰.

Ergebnis: Grenze der völligen Umwandlung von in Kochsalzlösung suspendierten Blutkörperchen des Hammels durch Mallebrein bei 20⁰ bei **1:50000**, partielle noch bei 1:200000.

Versuch 4. Analoge Versuchsanordnung bei 25⁰.

Ergebnis: Völlige MetHb-Bildung geht mindestens bis zu **1:50000**.

Versuch 5. Analoge Versuchsanordnung bei 37⁰.

Ergebnis: Völlige MetHb-Bildung in den ungelösten Körperchen noch bei **1:63333**.

Versuch 6. In destilliertem Wasser gelöste Hammelblutkörperchen werden bei 37⁰ für 21 Stunden der Wirkung des Mallebreins ausgesetzt.

Ergebnis: Bei gelösten Hammelblutkörperchen erfolgt unter Einwirkung von Mallebrein bei 37⁰ binnen 21 Stunden völlige Umwandlung bis zu Hämatin noch bei 0,4 mg:5 ccm, d. h. bei 1:12500. Bei 0,04 mg:5 ccm, d. h. bei **1:125000** erfolgt noch völlige Umwandlung in MetHb.

Zusammenstellung

aller Versuchsergebnisse für 20 bis 25⁰ und für 37⁰, betreffend die Grenzwerte der Wirksamkeit des Mallebreins in bezug auf völlige Umwandlung in MetHb.

Nr.	Blutart	Bei 20—25⁰	Bei 37⁰	Sperrflüssigkeit
1	Schweineblut	1:25000	1: 50000 1: 25000	Aqua dest. physiol. ClNa-Lsg.
2	Hundeblut	1:25000	1: 50000 1: 25000	Aqua dest. physiol. ClNa-Lsg.
3	Menschenblut	1:25000	1: 62000 1: 41500	Aqua dest. physiol. ClNa-Lsg.
4	Rinderblut	1:25000	1: 41500	Aqua dest. physiol. ClNa-Lsg.
5	Rinderblutkörperchen	1:50000 1:25000	1:100000	Aqua dest. physiol. ClNa-Lsg.
6	Hammelblutkörperchen	1:50000	1:125000 1: 63333	Aqua dest. physiol. ClNa-Lsg.

Die in dieser Tabelle angeführten Zahlen beziehen sich auf völlige MetHb-Bildung; für partielle kommen mindestens doppelt so große Zahlen in Betracht. Die Tabelle auf S. 18 bezieht sich auf partielle MetHb-Bildung durch chlorsaures Kalium; die völlige Umwandlung geht dort nicht halb so weit, als die dortigen Zahlen angeben. **Das Mallebrein steht also dem chlorsauren Kalium in bezug auf MetHb-Bildung nicht nach. In bezug auf Hämatinbildung übertrifft es das chlorsaure Kalium bei weitem.**

6. Vergleich der Wirkung des chlorsauren Kaliums und des Mallebreins in bezug auf die sogen. normalen Milchbakterien.

Für Forscher, denen kein wohleingerichtetes bakteriologisches Institut zur Verfügung steht, empfiehlt sich zur quantitativen Prüfung von Stoffen auf antiseptische Wirkung die Kobertsche Methode der Prüfung mit Hilfe der sogen. normalen Milchbakterien. Unter diesen versteht man nach K. B. Lehmann und R. O. Neumann[1]) die regelmäßigen Bewohner sauber aufgefangener Stallmilch der Kuh, die die Säuerung und Gerinnung bedingen. Zu nennen sind vor allen Streptococcus acidi lactici Grotenfeldt, Bacterium acidi lactici Hüppe und Bacillus Delbrückii Leichmann. Diese Mikroben haben die merkwürdige Eigenschaft, bei Zusatz von 0,1 bis 0,2 g Sulfur praecipitatum zu 5 bis 10 ccm frischer Milch, sie sei abgerahmt oder nicht, im Brüteschrank bei 37 bis 38° binnen weniger Stunden so starke Schwefelwasserstoffbildung hervorzurufen, daß ein über der Milch angebrachtes Bleiacetatpapier intensiv geschwärzt wird. Hat man nun zu einer Reihe solcher Proben fallende Dosen eines Antisepticums zugesetzt, so ist leicht festzustellen, bis zu welcher geringsten Menge die Bleipapiere weiß bleiben. Diese Konzentration hemmt also noch vollständig die Entwicklung und Wirksamkeit der genannten Mikroben. Über ihre Abtötung sagt diese Methode dagegen an sich zunächst nichts aus. Dazu muß man eine Probe des Inhaltes dieser Gläschen in vorher sterilisierte Milch bringen und feststellen, ob jetzt auch hier bei Schwefelzusatz die H_2S-Entwicklung wegfällt. Diese Methode hat R. Kobert ausgesonnen und durch seine Schüler H. Brüning[2]),

---
[1]) Atlas und Grundriß der Bakteriologie usw., Teil II, München 1907.
[2]) Brüning, Zeitschr. f. experim. Pathol. u. Ther. **3**, 1906. — Derselbe, Centralbl. f. inn. Med., Jg. 27, 1906, Nr. 14.

K. Kobert[1]) und R. Geinitz[2]) prüfen lassen. Auch Kettenhofen[3]), Hildebrandt[4]) und Regenstein[5]) haben sich damit beschäftigt. Drei Kriterien sind es, durch die sich bei dieser Methode die Entwicklung der Bakterien verrät: 1. die Milch gerinnt, 2. sie wird sauer, 3. sie entwickelt Schwefelwasserstoff. Falls das zugesetzte Antisepticum neutral ist und nur in kleinen Mengen vorhanden ist, ist das Fehlen aller drei Wirkungen leicht wahrnehmbar, während in den Kontrollproben alle drei Wirkungen in auffälliger Weise sich binnen 24 Stunden merkbar machen. Nach Geinitz hindert Silberkaliumcyanid diese drei Wirkungen noch bei 1:10000, Senföl noch bei 1:2697, Trikresol nur noch bei 1:438, Wasserstoffsuperoxyd nur noch bei 1:332.

Ich habe derartige Versuche mit je 10 ccm bester frischer Vollmilch und 24stündiger Dauer bei 37° zunächst mit Kalium chloricum angestellt. Jedes Glas erhielt einen Zusatz einer Messerspitze Sulfur praecipitatum; die Hälfte der Gläser außerdem einen Zusatz von 10, 20, 30, 40 und 50 mg chlorsaures Kalium. Nach 24 Stunden waren die Bleipapiere über der reinen Schwefelmilch genau ebenso geschwärzt als die über der mit chlorsaurem Kalium versetzten. Einige Gläschen, die viel, viel kleinere Dosen von Quecksilbersublimat zugesetzt erhalten hatten, waren dagegen völlig frei von Schwefelwasserstoffbildung geblieben.

Ergebnis: Mengen des Kaliumchlorats von 50 mg : 10 ccm, d. h. von 1:200 vermögen die Entwicklung der normalen Milchbakterien nicht im mindesten zu verhindern; das chlorsaure Kalium ist für diese Mikroben also kein Antisepticum.

Unter solchen Umständen war es zweifelhaft, was das Mallebrein ergeben würde.

In einer ersten Reihe von Versuchen werden Mengen von 1 bis 5 ccm des käuflichen Präparates, so wie es ist, der Milch zugesetzt und wie oben verfahren. Sämtliche Gläschen, die diesen Zusatz erhalten hatten, zeigten im Gegensatz zu den Kontrollgläschen, die statt dessen 1 bis 5 ccm physiol. Kochsalzlösung erhalten hatten, sofort nach dem

---

[1]) K. Kobert, Pharmaz. Post, Jg. **40**, 1907, 627; Schimmels Berichte 1906, Oktober.

[2]) R. Geinitz, Vgl. Versuche über die narkotischen und desinf. Wirkungen der gangbaren ätherischen Öle usw. Gekrönte Preisschrift. Rostock 1912.

[3]) P. Kettenhofen, Arch. internat. de Pharmacod. **17**, 1907, 292.

[4]) H. Hildebrand, Deutsche Ärzte-Ztg. **1908**.

[5]) H. Regenstein, Studien über die Anpassung von Bakterien an Desinfektionsmittel. Diss. Breslau 1912.

Umschütteln Gerinnung. Nach 24 Stunden waren die Bleipapiere in den mit dem Mittel versetzten Gläschen noch völlig weiß und blieben weiß, selbst wenn der Versuch über 4 Tage ausgedehnt wurde.

Ergebnis: Da das Mallebrein eine $25^0/_0$ige Lösung von reinem chlorsauren Aluminium sein soll, ergibt sich, daß dieses Salz in einer Konzentration von 250 mg : 11 ccm, d. h. von 1:44 die Entwicklung und Wirkung der normalen Milchbakterien dauernd zu hindern vermag. Natürlich gilt diese Schlußfolgerung nur für den Fall, daß das Mallebrein nicht etwa noch andere wirksame Substanzen enthält.

Eine zweite Reihe von Versuchen wurde mit kleineren Dosen des im Mallebrein enthaltenen chlorsauren Aluminiums angestellt und zwar mit Dosen von 40, 35, 30, 25 und 20 mg Salz, die je in 1 ccm gelöst zugesetzt wurden. Daneben ebenso viele Gläschen ohne jeden Zusatz des Antisepticums. Auch hier trat in den Kontrollgläschen schon nach 6 Stunden beginnende Schwärzung ein, in den Mallebreingläschen jedoch selbst nach 24 Stunden nicht und nach 3 mal 24 Stunden auch noch nicht.

Ergebnis: Selbst bei 20 mg : 11 ccm, d. h. bei 1 : 550 vermag das chlorsaure Aluminium in Form von Mallebrein die Entwicklung und Wirkung der normalen Milchbakterien völlig lahm zu legen.

Wie ich oben schon bemerkt habe, wirkte der Zusatz von Mallebrein zur Milch, selbst wenn nur 1 ccm, ja selbst noch weniger, zugesetzt wurde, stets koagulierend. Dies mußte den Verdacht erregen, daß eine Säure in freier Form vorhanden sei. Neutrales, milchsaures Aluminium, mit dem ich auch Versuche gemacht habe, wirkte nämlich nicht koagulierend, aber auch nicht antiseptisch. Da bei selbst nur schwach alkalischer Reaktion das Mallebrein sich natürlich trübte, so wurde es nur fast neutral gemacht und mit dieser Lösung wiederum eine Versuchsreihe angestellt.

Im ganzen wurden früh 10 Uhr 10 Gläschen aufgestellt, 5 als Kontrollen und 5 mit Dosen von 30, 25, 20, 15 und 10 mg chlorsaurem Aluminium, das vorher fast neutral gemacht worden war. Schon abends 6 Uhr begann das Bleipapier in dem Gläschen mit 10 mg sich ganz wie die der Kontrollgläschen dunkel zu färben. Nach 24 Stunden waren alle Mallebreingläschen etwas geschwärzt und nach 2 mal 24 Stunden war zwischen ihnen und den Kontrollen kein Unterschied mehr wahrnehmbar.

Ergebnis: Neutralisiertes Mallebrein wirkt selbst in Dosen, die 30 mg Salz entsprechen, also bei 1 : 367, nicht antiseptisch

auf die Milch ein. Da weitere Versuche ergaben, daß auch
40 und 50 mg keine antiseptische Wirkung entfalten, so ergibt
sich, daß sowohl chlorsaures Kalium als chlorsaures Aluminium
bei der Kobertschen Milchschwefelmethode in Mengen bis zu
50 mg auf 10 ccm Milch nicht die geringste bakterienwidrige
Einwirkung erkennen lassen.

Ich bemerke ausdrücklich, daß die Kobertsche Metho-
dik für die Entwicklung der Mikroben die denkbar
günstigste, für die Wirkung des Antisepticums aber
die ungünstigsten Bedingungen bietet. Es ist daher
wohl denkbar, daß die beiden chlorsauren Salze bei anderer
Versuchsanordnung gewisse bakterienwidrige Eigenschaften zeigen.
Ein dem Gehalt an gebundener Chlorsäure zukommende Ver-
schiedenheit der antiseptischen Wirkung beider Salze in stöchio-
metrisch entsprechenden Mengen dürfte aber auch dann kaum
vorhanden sein.

Es kam nun darauf an, festzustellen, welche freie Säure
in dem Mallebrein vorhanden ist. Dem jeder Flasche aufge-
klebten Zettel nach soll das Mallebrein eine $25^0/_0$ ige Lösung
von reinem Aluminiumchlorat sein. Danach dürfte also überhaupt
keine freie Säure vorhanden sein. Die von Geheimrat Kobert,
Dr. Sieburg, Dr. Gonnermann und andern ausgeführten
Untersuchungen ergaben jedoch, daß das von mir benutzte
Originalpräparat des aus Köln von der Firma Krewel
& Komp. bezogenen Mallebreins außer freiem Chlor
und freier Chlorsäure auch noch freie Salzsäure und
freie Schwefelsäure in merklichen Mengen enthielt.
Die Acidität war eine sehr beträchtliche. Zur Neutralisierung
von 10 ccm Mallebrein waren über 15 ccm Normalnatronlauge
erforderlich. Unter solchen Umständen stehe ich nicht
einen Augenblick an, die von diesem Präparate den
Milchbakterien gegenüber ausgeübte antiseptische
Wirkung lediglich durch seinen Gehalt an freien
Säuren zu erklären. Später durch den Handel bezogene
4 weitere Originalflaschen desselben Präparates erwiesen sich
ebenso unrein. Zu der Angabe auf der Etikette der Originalflaschen, daß das Präparat chemisch rein sei, steht dies in
schreiendem Gegensatz.

7. Über die Wirkung des neutralisierten Mallebreins aufs Blut.

Nach den Feststellungen des vorigen Kapitels mußte die Vermutung auftauchen, daß ein Teil der Wirkungen auf Blut, die in Kapitel 5 beschrieben wurden, durch die beigemischten freien Mineralsäuren bedingt sei. Es erschienen daher einige ergänzende Versuche wünschenswert, die mit einem fast neutralisierten Präparate angestellt würden.

Versuch 1. In physiol. Kochsalzlösung suspendierte Hammelblutkörperchen werden bei 15° für 24 Stunden der Einwirkung von fast neutralisiertem Mallebrein ausgesetzt.

Ergebnis: Grenze der völligen Umwandlung der in Kochsalz suspendierten Hammelblutkörperchen bei 15° in MetHb liegt bei 2 mg : 5 ccm, d. h. bei **1 : 2500**; partielle MetHb-Bildung noch bei 0,5 mg : 5 ccm, d. h. bei 1 : 10 000. Die Filtergrenze der völligen Agglutination liegt bei 0,04 mg : 5 ccm, d. h. bei 1 : 125 000, die optische noch tiefer, nämlich bei 1 : 166 667.

Bei dem entsprechenden Versuche mit nicht neutralisiertem Mallebrein (s. oben) reichte die völlige MetHb-Bildung bis 1 : 25 000 und die partielle bis 1 : 63 333. In bezug auf die agglutinierende Wirkung ist keine Änderung eingetreten; sie liegt beide Male für die Filterprobe bei 1 : 125 000. Die Bildung von MetHb ist dagegen wesentlich geringer geworden.

Versuch 2. Entsprechender Versuch bei 20°. Versuchsdauer 24 Stunden.

Ergebnis: Grenze der völligen Umwandlung der in physiologischer Kochsalzlösung bei 20° suspendierten Hammelblutkörperchen durch fast neutralisiertes Mallebrein liegt bei 0,3 mg : 5 ccm, d. h. bei **1 : 16 667**, während sie bei dem entsprechenden Versuche mit nicht neutralisiertem (siehe oben) bei 1 : 50 000 lag. Hämatinbildung wurde selbst bei 0,5 mg : 5 ccm nicht beobachtet; größere Dosen wurden nicht geprüft.

Versuch 3. Entsprechender Versuch bei 25°. Versuchsdauer 24 Stunden.

Ergebnis: Grenze der völligen Umwandlung der in physiologischer Kochsalzlösung bei 25° suspendierten Hammelblutkörperchen durch fast neutralisiertes Mallebrein liegt bei 0,25 mg : 5 ccm, d. h. bei **1 : 20 000**, die Grenze der partiellen bei 1 : 63 000. Hämatin wurde spurweise durch 0,5 mg bis 0,4 mg : 5 ccm, also bei 1 : 12 500 gebildet.

Versuch 4. In destilliertem Wasser gelöste Hammelblutkörperchen werden bei 37° für 24 Stunden der Einwirkuug von fast neutralisiertem Mallebrein ausgesetzt.

Ergebnis: Völlige Umwandlung in Hämatin wurde durch das fast neutralisierte Mallebrein an einer Lösung von Hammelblutkörperchen in destilliertem Wasser bei 37° noch bei 0,4 mg : 5 ccm, d. h. bei 1 : 10000 hervorgerufen, völlige MetHb-Bildung noch bei **1 : 100000**. In dem entsprechenden Versuche mit nicht neutralisiertem Mallebrein ging die völlige Hämatinbildung bis 1 : 12500 und die völlige MetHb-Bildung bis 1 : 125000.

Diese 4 Versuche zeigen, daß die Einwirkung unserer Substanz auf Hammelblutkörperchen durch fast völliges Neutralisieren zwar gemindert, aber keineswegs aufgehoben wird. Dies war nach den Versuchen mit dem chlorsauren Kalium, das ja durchaus neutral reagiert, auch gar nicht zu erwarten. Die beiden neutralen Salze wirken einander ähnlich, und zwar das Aluminiumsalz seines größeren Chlorsäuregehaltes wegen noch etwas stärker schädigend auf den Blutfarbstoff als das Kaliumsalz.

Ich lasse zum Schlusse noch einige Versuche mit dem fast neutralisierten Mallebrein an Taubenblut und Taubenblutkörperchen folgen, zu denen ich allerdings keine Vergleichsversuche mit dem nicht neutralisierten Präparate besitze.

Versuch 5. In physiol. Kochsalzlösung suspendiertes Taubenblut wird bei 15° der Einwirkung von fast neutralisiertem Mallebrein für 24 Stunden ausgesetzt.

Ergebnis: Die Grenze der völligen MetHb-Bildung für in physiologischer Kochsalzlösung suspendiertes Taubenblut unter Einwirkung von fast neutralisiertem Mallebrein und 15° liegt bei **1 : 1000**, die Grenze der partiellen MetHb-Bildung bei 1 : 5000. Die völlige Agglutination reicht bis 1 : 16667.

Versuch 6. Dieselbe Versuchsanordnung, nur ist die Temperatur für 24 Stunden 37°.

Ergebnis: Die Grenze der völligen Umwandlung für in physiologischer Kochsalzlösung suspendiertes Taubenblut unter der Einwirkung von fast neutralisiertem Mallebrein in Hämatin liegt bei 1 : 1000, die der völligen Umwandlung in den ungelösten Blutkörperchen in MetHb bei **1 : 5000**, die der partiellen bei 1 : 10000. Die völlige Agglutination reicht bis 1 : 16667.

Versuch 7. Dieselbe Versuchsanordnung, nur ist das Taubenblut in destilliertem Wasser gelöst und wird in dieser Lösung für 24 Stunden der Einwirkung von fast neutralisiertem Mallebrein ausgesetzt.

Ergebnis: Durch die Auflösung des Taubenblutes in destilliertem Wasser wird die Einwirkung des fast neutralen Mallebreins bei 37° gewaltig verstärkt. Während die Hämatinbildung in den ungelösten Blutkörperchen nur bis 1:1000 sicher nachweisbar war, reicht sie hier bis 1:16667. Die MetHb-Bildung ging in den ungelösten Blutkörperchen nur bis 1:5000, hier bis **1:100000**.

Versuch 8. Nicht Taubenblut, sondern serumfreie Taubenblutkörperchen werden für 24 Stunden in physiologischer Kochsalzlösung suspendiert bei 15° der Wirkung von fast neutralisiertem Mallebrein ausgesetzt.

Ergebnis: Das fast neutralisierte Mallebrein wirkt bei 15° auf die von Serum völlig befreiten Blutkörperchen der Taube sehr viel stärker ein, als wenn Serum vorhanden ist. Die MetHb-Bildung, die dort nur bis 1:5000 reichte, geht hier bis **1:125000** quantitativ vor sich. Die Agglutination, die bei Serumanwesenheit nur bis 1:16667 reichte, ist hier noch bei 1:100000 für die Filterprobe total.

Diese Versuche am Taubenblut und deren Blutkörperchen passen zu dem, was wir nach den Versuchen an andern Blut- und Blutkörperchenarten zu erwarten hatten.

Ergebnisse.

1. Für das chlorsaure Kalium wurde die in der Monographie v. Merings gelassene Lücke ausgefüllt und festgestellt, bei welcher Verdünnung es noch schädigend auf den Blutfarbstoff einwirkt. Die Tabelle auf S. 18 gibt die Grenze der partiellen Wirkung für eine Reihe beliebig von mir herangezogener Blutarten an. Sie zeigt ferner, daß die Methämoglobinbildung bei gelösten Blutkörperchen viel stärker ist als bei nicht gelösten serumfreien; noch schwächer wird diese Giftwirkung, falls Serum vorhanden ist.

2. Ein von mir mitgeteilter Fall zeigt, daß selbst bei Erwachsenen das Hinterschlucken unseres Mittels tödlich wirken kann. Es ist daher durchaus berechtigt, vor seiner Anwendung namentlich bei jugendlichen Individuen zu warnen. Für ge-

sunde Menschen es alltäglich zum Zähneputzen zu verwenden, ist nicht anzuraten, da wir genug Zahnputzmittel besitzen, die nicht auf das Blut wirken.

3. Eine bakterienwidrige Wirkung besitzt das chlorsaure Kalium für die sogenannten normalen Milchbakterien bei den hier in Betracht kommenden Dosen nicht.

4. Das neutrale chlorsaure Aluminium unterscheidet sich vom chlorsauren Kalium dadurch prinzipiell in seiner Wirkung, daß es noch bei mehr als hunderttausendfacher Verdünnung adstringierend wirkt, während das Kaliumsalz diese Wirkung überhaupt nicht besitzt. Diese Wirkung verdankt es dem Aluminiumion. Durch sie wirkt es lokal nützlich bei Schleimhauterkrankungen mit Schwellung oder kleinen Substanzverlusten. Die Stärke dieser Wirkung läßt sich quantitativ mit Hilfe der Kobertschen Methode an gewaschenen roten Blutkörperchen messen.

5. Von dieser Wirkung abgesehen, hat das chlorsaure Aluminium bei etwas stärkerer Konzentration analog dem chlorsauren Kalium einen zersetzenden Einfluß auf den Blutfarbstoff, der besonders stark bei Hämoglobinlösungen und erhöhter Temperatur hervortritt. Aber auch bei nicht gelösten, sondern in physiologischer Kochsalzlösung suspendierten Blutkörperchen und Stubentemperatur ist er vorhanden und äußert sich in Methämoglobinbildung im Innern der Blutkörperchen. Durch diese Wirkung kann innerlich genommenes chlorsaures Aluminium giftig wirken und zwar bei Dosen, die kleiner sind als die kleinsten giftigen des chlorsauren Kaliums.

6. Das Handelspräparat Mallebrein erwies sich als eine durch überschüssige Salz- und Schwefelsäure stark sauer reagierende Substanz. Durch diese beiden Mineralsäuren kommt es in dem Präparat zum Freiwerden von Chlorsäure und zur Entwicklung von freiem Chlor. Mit einer solchen Flüssigkeit, wie empfohlen wird, täglich den Mund zu spülen, muß die schwersten Gefahren für die Zähne nach sich ziehen. Der von Kobert schon vor längerer Zeit ausgesprochenen Ablehnung des Mittels als Zahn- und Mundmittel muß ich also durchaus beistimmen.

7. Für den Blutfarbstoff ist das Mallebrein infolge seines Säureüberschusses noch viel giftiger als das neutrale chlorsaure

Versuch 7. Dieselbe Versuchsanordnung, nur ist das Taubenblut in destilliertem Wasser gelöst und wird in dieser Lösung für 24 Stunden der Einwirkung von fast neutralisiertem Mallebrein ausgesetzt.

Ergebnis: Durch die Auflösung des Taubenblutes in destilliertem Wasser wird die Einwirkung des fast neutralen Mallebreins bei 37° gewaltig verstärkt. Während die Hämatinbildung in den ungelösten Blutkörperchen nur bis 1:1000 sicher nachweisbar war, reicht sie hier bis 1:16667. Die MetHb-Bildung ging in den ungelösten Blutkörperchen nur bis 1:5000, hier bis **1:100000**.

Versuch 8. Nicht Taubenblut, sondern serumfreie Taubenblutkörperchen werden für 24 Stunden in physiologischer Kochsalzlösung suspendiert bei 15° der Wirkung von fast neutralisiertem Mallebrein ausgesetzt.

Ergebnis: Das fast neutralisierte Mallebrein wirkt bei 15° auf die von Serum völlig befreiten Blutkörperchen der Taube sehr viel stärker ein, als wenn Serum vorhanden ist. Die MetHb-Bildung, die dort nur bis 1:5000 reichte, geht hier bis **1:125000** quantitativ vor sich. Die Agglutination, die bei Serumanwesenheit nur bis 1:16667 reichte, ist hier noch bei 1:100000 für die Filterprobe total.

Diese Versuche am Taubenblut und deren Blutkörperchen passen zu dem, was wir nach den Versuchen an andern Blut- und Blutkörperchenarten zu erwarten hatten.

Ergebnisse.

1. Für das chlorsaure Kalium wurde die in der Monographie v. Merings gelassene Lücke ausgefüllt und festgestellt, bei welcher Verdünnung es noch schädigend auf den Blutfarbstoff einwirkt. Die Tabelle auf S. 18 gibt die Grenze der partiellen Wirkung für eine Reihe beliebig von mir herangezogener Blutarten an. Sie zeigt ferner, daß die Methämoglobinbildung bei gelösten Blutkörperchen viel stärker ist als bei nicht gelösten serumfreien; noch schwächer wird diese Giftwirkung, falls Serum vorhanden ist.

2. Ein von mir mitgeteilter Fall zeigt, daß selbst bei Erwachsenen das Hinterschlucken unseres Mittels tödlich wirken kann. Es ist daher durchaus berechtigt, vor seiner Anwendung namentlich bei jugendlichen Individuen zu warnen. Für ge-

MIX
Papier aus verantwortungsvollen Quellen
Paper from responsible sources
FSC® C105338

If you have any concerns about our products,
you can contact us on
ProductSafety@springernature.com

In case Publisher is established outside the EU,
the EU authorized representative is:
**Springer Nature Customer Service Center GmbH
Europaplatz 3, 69115 Heidelberg, Germany**

Printed by Libri Plureos GmbH
in Hamburg, Germany